020

筑苑·剑川沙溪古镇

陈倩　车震宇　著

中国建材工业出版社

**图书在版编目（CIP）数据**

剑川沙溪古镇 / 陈倩，车震宇著． -- 北京：中国
建材工业出版社，2022.8
（筑苑）
ISBN 978-7-5160-3498-9

Ⅰ．①剑… Ⅱ．①陈… ②车… Ⅲ．①乡镇－古建筑
－研究－剑川县 Ⅳ．① TU-87

中国版本图书馆 CIP 数据核字（2022）第 070176 号

**剑川沙溪古镇**
Jianchuan Shaxi Guzhen
陈倩　车震宇　著

出版发行：中国建材工业出版社
地　　址：北京市海淀区三里河路 11 号
邮政编码：100831
经　　销：全国各地新华书店
印　　刷：北京印刷集团有限责任公司
开　　本：710mm×1000mm　1/16
印　　张：19.25
字　　数：260 千字
版　　次：2022 年 8 月第 1 版
印　　次：2022 年 8 月第 1 次
定　　价：**89.80 元**

以心作苑 天人築以闻作苑心

築苑叢書雅存 丁酉端午

孟兆祯

孟兆祯先生题字
中国工程院院士、北京林业大学教授

文以載道
傳承創新

丁酉仲夏

謝辰生題
時年九十六

謝辰生先生题字
国家文物局顾问

# 筑苑 · 剑川沙溪古镇


**主办单位**

中国建材工业出版社

扬州意匠轩园林古建筑营造股份有限公司

**顾问总编**

孟兆祯　陆元鼎　刘叙杰

**特邀顾问**

孙大章　路秉杰　单德启　姚　兵　刘秀晨　张　柏

**编委会主任**

陆　琦

**编委会副主任**

梁宝富　佟令玫

**编委（按姓氏笔画排序）**

马扎·索南周扎　王乃海　王向荣　王　军　王劲韬　王罗进　王　路

韦　一　龙　彬　卢永忠　朱宇晖　刘庭风　关瑞明　苏　锰　李　卫

李寿仁　李国新　李　浈　李晓峰　杨大禹　吴世雄　吴燕生　邹春雷

沈　雷　宋桂杰　张玉坤　陆文祥　陈　薇　范霄鹏　罗德胤　周立军

荀　建　姚　慧　秦建明　袁　强　徐怡芳　郭晓民　唐孝祥　黄列坚

黄亦工　崔文军　商自福　傅春燕　端木岐　戴志坚



**本卷著者**

陈　倩　车震宇



**策划编辑**

章　曲　王天恒　时苏虹　杨烜子

**本卷责任编辑**

章　曲

**版式设计**

汇彩设计



投稿邮箱：zhangqu@jccbs.com.cn


筑苑微信公众号

# 序

　　这是一本从遗产保护与旅游发展的视角对剑川沙溪古镇进行历时性研究的著作。它有两个主要特点：一是作者从早期的关注到后来的研究有着近二十年的跟踪，这是难能可贵的；二是作者亲自参与过沙溪的旅游规划、特色小镇规划等工作，对其有一些切身的体会与认知。因此书中展现的是一个具有茶马古道特色的、保护较完整的、有真实生活的古镇。作者对古镇整体空间格局、历史人文资源、空间形态演变、遗产保护利用以及沙溪发展路径等方面进行了深入研究。鉴于作者的建筑学专业背景，研究着重于古镇的建筑、空间、环境等物质形态，同时也涉及社会、经济、文化等相关因素。因此，无论对了解沙溪过去、认知沙溪现状，还是憧憬沙溪未来，本书都有一定的参考价值。

　　沙溪是幸运的。它的幸运表现在：较完整地保留下来的茶马古道驿站集市较早受到国内外学者的重视；被世界纪念性建筑基金会列入2002年"世界濒危建筑保护名录"的机遇；先后得到多家政府组织和国际机构资助与支持的"国际化背景"；中瑞合作模式、中外专家跟踪研究、瑞士方长期派驻专家现场专业指导等较好的组织和运作方式；历史文化遗产修复中富有前瞻性的国际视野和史学观；地方政府对沙溪古镇保护、发展、复兴的高度重视与开放的思想以及尊重专业、较少行政干预的态度等。这些"幸运"是国内许多相似古镇难以企及的。国内遗产、文物、建筑界的不少同行对沙溪项目是有所了解并长期关注的，我同样如此；他们对该项目及驻场专家黄印武先生的工作有个共同的评价——慢！在当今各地、各方面都追求快速发展的情况下，这个"慢"不是批评，而是一种难得的赞誉。本来"慢"就是"古"

镇传统的一种生活状态，这里评价的"慢"是对历史文化遗产研究的一种认真态度，也是对建筑文化遗产修复的一种科学精神。正因为如此，今天呈现在众人面前的沙溪古镇在许多方面受到领导、当地百姓、游客及专业工作者的肯定与称赞。

这本书的核心是研究遗产保护与旅游开发矛盾的问题，这是当今国内外遗产研究的热门话题，也是我国各地文化遗产、历史文化名城和名镇、历史街区、历史地段、传统村落等保护与发展的难题。争论要不要保护、要不要发展毫无意义，关键是面对保护与发展的矛盾如何找到一种适合自己的保护方法与发展道路，沙溪复兴工程就是一个高度整合文化遗产保护与古镇旅游可持续发展及乡村振兴的实例，有借鉴的价值。然而，文化遗产保护与发展的矛盾是永恒的，矛盾的平衡是相对的、动态的，不同的时期有不同的问题出现，书中"旅游开发对沙溪古镇的影响"等章节即是对这方面的揭示。任何古城、古镇过去的成功都不代表今后永远的成功，沙溪的未来同样如此。为此，任何古城、古镇的保护与发展都必须时刻面对实际，不断深入研究，发现新问题，解决新矛盾，找出新办法，实现新发展。不同古镇、不同时期可能有不同的问题和解决办法，然而，剑川沙溪古镇近二十年来保护、发展、复兴过程中领导与专业工作者所呈现出来的认真态度与科学精神是永远值得传承与发扬的，我想这大概也是本书作者所期盼的。

祝明天的沙溪古镇更美好！

昆明理工大学建筑与城市规划学院教授

朱良文

2022 年 7 月

云南省自然环境多样、山地特色鲜明、民族文化丰富、发展历史悠久、宗教信仰多元，一直都是研究传统聚落、民居建筑、民俗文化的宝库，有国家级和省级的历史文化名城、名镇、名村街区总计 101 个，还有 708 个传统村落被列入"中国传统村落名录"（占全国总数的 10.4%），这些珍贵的物质文化遗产是承载传统文化的活化石。

沙溪古镇地处云南省大理白族自治州剑川县南部，形成于明清时期，是一个典型的山坝型农业镇，被誉为剑川县的"鱼米之乡"，坝区内山、水、林、田、村自然融合。由于被横断山脉阻隔，长期以来交通不便，村镇发展缓慢，因而沙溪古镇完整地保留了茶马古道驿站集市的整体空间格局。镇区范围内有国家级文物保护单位 1 个（兴教寺），省级文物保护单位 1 个（寺登街古建筑群），县级文物保护单位 1 个（中登村后山火墓葬群），2 个中国传统村落（寺登村、鳌凤村），共同构成了沙溪独特、多样的历史人文资源。其中，镇政府所在地寺登村因保留有大量明清建筑、民居院落、传统街巷及寨门、魁阁戏台、兴教寺和四方街等，被誉为"茶马古道上唯一幸存的古集市"。

2001 年 10 月，沙溪（寺登街）区域被世界纪念性建筑基金会列入 2002 年"世界濒危建筑保护名录"，沙溪古镇被推到世界舞台的聚光灯下，迎来了保护发展的重要转折点。2002 年起，中瑞合作展开了长期的沙溪复兴工程。此项目以深厚的历史文化为基础，以古建筑保护为切入点，以改善人居环境、发展地区经济为目标，从古建筑、古村落、沙溪坝子三个层次制定策略。通过保护历史环境、文化体系、文物价值、空间肌理、传统工艺和民俗风情等内容，使沙溪成为历史文化名镇的保护典范。沙溪复兴工程项目的实施得到了国际社会的支持和认可，2005 年获"联合国教科文组织亚太地区文化遗产保护奖——杰出贡献奖"。之后通过不断的努力，沙溪又获得了多个荣誉称号，扩大了其影响力和知名度。2007 年沙溪被评为国家级历史文化名镇，2017 年被评为全国特色小镇，2020 年被评为全国十一个"最美小镇"之一。沙溪从一个默默无闻的小村落，逐渐发展成以历史人文资源为依托、以旅游产业为主体的文化旅游型小城镇。

旅游产业的引入使沙溪的物质、文化和社会等多维空间发生嬗变，空间被不断重构，从而导致建筑功能重构、传统风貌改变、村民行为变化等。沙溪的旅游发展强调文化遗产保护，通过完善旅游设施和公共服务，促进地域文化、民俗文化、宗教文化等传统文化的传承与发展。通过构建独特的差异化旅游产品体系，形成目的地级别的旅游品牌，让文化旅游成为沙溪发展的核心动力。

沙溪镇区的发展变化主要包括以下四个方面。第一是空间形态的演变。沙溪基于良好的自然生态本底，呈现出田村相间的空间肌理，形成以寺登街为核心的古镇区，从四方街向外辐射由密到疏的整体布局。旅游快速发展之后，呈现南北向快速扩张的趋势，逐渐形成以交通线为纽带的"连片轴向式拓展"形态。第二是社会空间的分异。以寺登村四方街为核心的区域，集中了沙溪主要的历史文化景观，成为游客最集中的游览区。为了使游客得到更好的体验，村民将核心空间让渡给了游客，将居住区搬到了镇区西侧、北侧县道附近，形成面向本地村民的生活区。第三是传统民居的转型。为满足旅游商业需要，古镇核心区传统民居开始大量转型，主要包括转型餐饮、转型客栈、转型零售、混合功能。这样的转型在避免一些传统民居因无人使用而造成"空心化"损毁的同时，也促成了旅游商业空间的聚集。第四是公共空间的拓展。除了对寺登村四方街核心区进行整体保护之外，为满足旅游发展的需求，新建了游客中心、沙溪社区中心、茶马古道博物馆、兰林阁酒店、黑潓江音乐广场等公共空间，成为新的游客聚集中心和网红打卡地，这极大地提高了沙溪古镇的旅游接待能力，同时也满足了当地居民的游憩需求。

笔者从 2003 年开始关注沙溪，长期追踪研究沙溪的形成、发展与演变。笔者认为，沙溪的发展不仅是物质空间扩展的结果，更是社会、经济、文化等因素辐射带动周边区域共同发展的结果。沙溪从传统村落发展为文化旅游型特色小镇，有特殊的资源背景和发展契机，面对未来的可持续发展要做到有所为、有所不为。只有保护好生态本底，保护好物质和非物质文化遗产，充分整合区域资源和优势，才能强化沙溪的独特性、唯一性；只有协调平衡好各方利益，避免盲目追求经济效益，才能通过合作互利实现共赢；只有科学引导合理规划，才能为沙溪的发展指明方向。

期望本书的出版能够深化当下乡村振兴中村镇发展的研究内容，并为传统村落、特色小镇的旅游开发提供借鉴与参考。

陈倩　车震宇

2022 年 7 月

# 目 录

# 1 剑川沙溪总览

## 1.1 剑川县

大理白族自治州地处云南省西部，地跨东经98°52′~101°03′，北纬24°41′~26°42′，东临楚雄州，南靠普洱市、临沧市，西与保山市、怒江州相连，北接丽江市。总面积29459平方千米，山区面积占总面积的93.4%，坝区面积占6.6%。东西最大横距约320多千米，南北最大纵距270多千米。州政府驻地大理市，距昆明市338千米。

剑川县位于大理白族自治州滇西北横断山脉中段，"三江并流"世界自然遗产保护区南端，地跨东经99°33′~100°33′，北纬26°12′~26°42′，东邻鹤庆县，南接洱源县，西界云龙县、兰坪县，北临丽江市。全县山地面积占总面积的90%以上，盆地仅为7%，其余为湖泊河流。县境东北金华坝有高原淡水湖泊剑湖。全县形成山峦起伏、沟壑纵横、山川交错的地形地貌[1]。

县城所在地金华镇海拔2200米，县境内最低海拔1973米，最高海拔4295.3米，年平均气温13.1℃，年均降雨量572.7毫米，霜期57天，气温年较差小，日较差大，长冬无严寒，短夏无酷暑，属雨热同季、干凉同时的低纬度高海拔独特气候。

剑川县辖5镇3乡，88个村民委员会，5个社区，391个自然村。境内有白、汉、彝、回、纳西等世居民族。截至2017年末，全县总人口18.4万人，少数民族人口占全县总人口的96.2%，其中白族人口占90.6%，为全国白族人口占比最高的县，被誉为"白族之乡"。

剑川历史悠久，人文荟萃。有目前发现的中国最大的滨水"干栏式"建筑聚落海门口遗址，其年代从新石器时代晚期直至青铜时代，是云贵高原"青铜文化"和"稻耕文化"的重要发源地。在2000多年前的秦汉之际，剑川就已成为南方丝绸之路"蜀身毒道"的交通要冲，与中原、西亚、南亚和东南亚地区有商贸文化往来。在漫长的历史发展中，剑川逐步形成了崇文尚教的社会风气，教育鼎盛，文风大开，被誉为"文献名邦"[2]。（图1.1~ 图1.4）

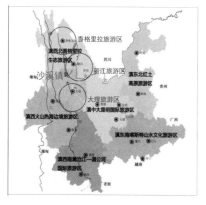

图 1.1 沙溪镇在云南省的位置

图 1.2 沙溪镇在大理州的位置

图 1.3 沙溪镇在剑川县的位置

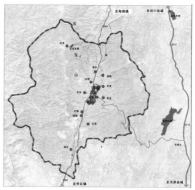

图 1.4 沙溪古镇在镇域的位置

# 1.2 沙溪

## 1.2.1 镇域范围

沙溪镇位于剑川县东南部，距剑川县城32千米，地处大理风景名胜区与丽江古城之间，黑潓江自北往南贯穿沙溪坝中。全镇辖14个行政村，49个自然村，是一个以白族为主，汉、彝、傈僳族共居的少数民族聚居地。《徐霞客游记》载:"(沙溪西山)与东界大山相持而南,中夹大坝,而剑川湖之流,合驼强(今桃源)江出峡贯于川中,所谓沙溪也。其坝东西阔五六里,南北不下五十里。"其中,镇域范围 288 平方千米,坝区范围 26 平方千米,镇区范围 2.71 平方千米(彩图 1.1、彩图 1.2)。

## 1.2.2 坝区范围

"坝子"是对西南一带较为特殊的地形地貌的统称,其面积或大到千余平方千米,或小到约 1 平方千米,与"盆地"或"山间盆地"并不能等同。坝子是指内部相对低平、周边相对较高,内部地面坡度在 12° 以下的山间中小型盆地、小型河谷冲积平原、河谷阶地。

沙溪坝区(坝子)地势北高南低,形态南北长而东西短,成因属于原上河谷类型,沉积属于冲积、洪积类型,主要特征为:位于河流的宽谷河段。谷底狭长,地面有起伏,边缘部分为冲积扇群[3]。沙溪坝区地势北高南低,在两侧山脉夹持之下,形成南北长、东西短的狭长地带。澜沧江水系黑潓江由北自南纵贯全坝,被誉为沙溪的母亲河。除镇区集中建设外,大部分乡村散布于坝子周边的半山或山脚地带,广袤的平坦地域用于农耕,形成田村相间的田园风光(图 1.5)。

图 1.5 沙溪镇坝区鸟瞰

整个坝子平均海拔 2100 米,气候属南温带温凉层,年均气温 12.3℃,年日照时数 2400 小时,年降水量 790 毫米,坝子中部为全县最少降水处,降水 671 毫米,无霜期 215 天左右。气候宜人,物产富饶,适合种植水稻等农作物,素有"鱼米之乡""歌舞之乡"的美誉。《徐霞客游记》中记载:"所出米谷甚盛,剑川州皆来取足焉。"

### 1.2.3 镇区范围

　　镇区位于沙溪坝子中部，面积 2.71 平方千米，常住人口约 5200 人。主要包括寺登村委会下的下科村、寺登村，东南村委会下的江乐禾村，鳌凤村委会下的中登村在内的广大区域。其中，寺登村是沙溪镇政府所在地。

　　镇区的核心保护区是以寺登四方街为中心，以兴教寺、山门、魁阁戏台为轴线的街区。四方街成为古镇最重要的公共集散空间，东寨门、南寨门界定了古镇区的范围及入口主街、南北古宗巷等传统街巷和周边的传统建筑，这一区域能真实地反映出沙溪古镇完整的历史风貌，面积为 8.4 公顷（图 1.6）。

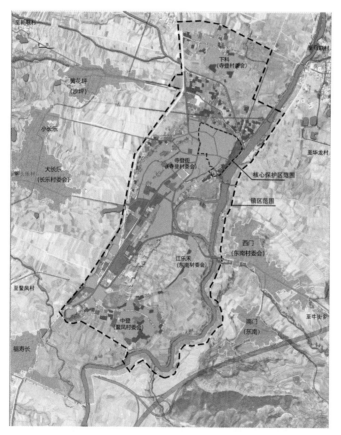

图 1.6　沙溪镇区、核心保护区位置范围示意图（来源：朱骅允绘）

　　沙溪镇区现状建设用地主要集中在古镇区和 084 县道两侧。古镇区建筑主要用于居住和旅游服务，县道两侧以行政办公、学校、医疗、商业设施和外围村落为主。

# 1.3 剑川沙溪所获荣誉

沙溪是剑川民族文化旅游资源最富集的地区，有浓厚的人文底蕴，文化遗产丰富，拥有大量的明清民居院落、戏台和特色建筑，民居建筑风貌完整，保留有白族传统建筑风格。沙溪镇区范围内有国家级文物保护单位 1 个（兴教寺），省级文物保护单位 1 个（寺登街古建筑群），县级文物保护单位 1 个（中登村后山火墓葬群），以及待核定的文物保护单位 10 个（启文庵、玉皇阁、赵氏家宅、本主庙、古墓群、玉津桥、烈士陵园、印月庵、汉族本主庙、城隍庙大照壁）（图 1.7）。

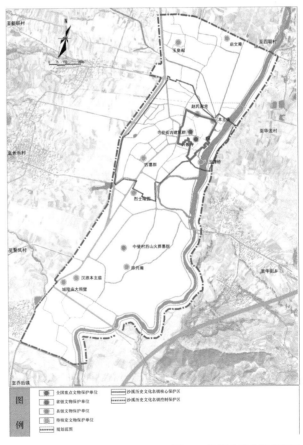

图 1.7　沙溪古镇文物分布图

沙溪是中国传统村落最富集的乡镇之一，目前已有寺登、石龙、四联段家登、长乐、甸头、鳌凤、华龙7个村先后被列入中国传统村落名录，共同构成了沙溪唯一、独特的优质资源条件。其知名度和影响力不断提升，成为云南地域文化、民族文化对外宣传的一张名片，也为进一步发展带来了机遇与挑战。

2001年10月，世界纪念性建筑基金会（WMF）[1]宣布沙溪入选2002年101个世界建筑遗产名录（又称"世界濒危建筑保护名录"）。剑川沙溪寺登街区域成为云南省唯一的入选者[2]。名录中指出："中国云南沙溪（寺登街）区域是茶马古道上唯一幸存的古集市。有完整无缺的戏院、旅馆、寺庙、寨门，使这个连接西藏和南亚的集市相当完备。"[4]通过努力建设，之后沙溪又陆续获得了多个荣誉称号，其影响力和知名度不断扩大。

2003年，沙溪复兴工程被联合国教科文组织世界遗产中心评为"世界遗产、遗址脱贫的可持续实践"项目[4]。

2004年1月，沙溪镇被云南省人民政府评为省级历史文化名镇。

2005年10月，沙溪复兴工程获联合国教科文组织亚太地区文化遗产保护奖——杰出贡献奖[4]。

2006年，沙溪复兴工程又获得美国《休闲和旅游》杂志评选的"文化保护类全球佳境奖"。

2007年5月，沙溪镇被住建部与国家文物局评为国家级历史文化名镇。

2008年，沙溪被云南省人民政府评为云南旅游名镇。

2010年，寺登村被中国村社发展促进会评为"108个中国村庄名片"之一。

---

1 世界纪念性建筑保护基金会（WMF）是一个非营利性国际组织，是唯一的致力于世界范围内遗址保护的私人非营利性组织机构，以支持保护世界各地的艺术、文化遗产为宗旨。成立于1965年，从1995年起在全球实施项目。名录每两年公布一次，目的是引起人们对受到威胁的文化遗产的关注，并给予国际性的关注、拯救，给予资金的帮助。2002年名录包括42个欧洲的遗址、20个亚洲的遗址、17个非洲和中东的遗址和22个美洲的遗址。
2 与沙溪寺登街同年入选的还有北京长城、陕西大秦宝塔和修道院、上海欧黑尔·雪切尔犹太教堂，共4项。

2011 年，沙溪镇被云南省人民政府评为全省 60 个特色旅游小镇。

2012 年，石宝山—沙溪古镇被全国旅游景区质量等级评定委员会评为国家 AAAA 级景区。

2016 年，国家发改委等部门发布《关于开展特色小镇培育工作的通知》，指出要用三年时间在全国打造 1000 个左右的特色小镇，从而带动区域小城镇的全面协调发展。2016 年 12 月，沙溪镇被评为第三批国家新型城镇化综合试点地区，以体制机制改革创新推进新型城镇化进程。

2017 年 1 月，沙溪被国家发改委列入《国家级西部大开发"十三五"规划》建设百座特色小镇名单，打造旅游休闲型小镇。2017 年，沙溪入选云南省创建全国一流的特色小镇名单，提出"以休闲旅游为主导产业，以文化创意为特色产业"的建设目标。2017 年 5 月，沙溪被住建部评为"第二批全国特色小镇"，标志着沙溪的发展建设进入历史新阶段。2017 年 7 月，沙溪镇被评为云南省田园综合体试点。

2018 年，沙溪被列入云南省特色小镇发展领导小组办公室公布的《2018 年省财政奖补支持的特色小镇名单》，成为云南省 15 个优秀特色小镇之一。

## 参考文献

[1] 云南省剑川县志编纂委员会编纂 . 剑川县志 [M]. 昆明：云南民族出版社，1999.

[2] 走进剑川 . 剑川县人民政府网，http：//www.jianchuan.gov.cn.

[3] 童绍玉，陈永森 . 云南坝子研究 [M]. 昆明：云南大学出版社，2007.

[4] 中国人民政治协商会议云南省剑川县委员会文史资料委员会 . 剑川文史资料选编：第八辑 [Z]. 2006.

# 2 沙溪资源条件

## 2.1 沙溪山水格局

沙溪地处金沙江、澜沧江、怒江三江并流世界自然遗产老君山片区东南端，生态环境优美，平均森林覆盖率71.6%，资源丰富，是剑川野生菌主产区之一，蕴藏着丰富的野生中药材资源。

沙溪镇属南温带季风气候，主导风向为西北风，山高坡陡，立体气候明显。沙溪坝子四面环山，北接石钟山，至剑川石宝山，东西分别与莲花山、翠峰山相邻，南面镇区依鳌凤山而建，与中登山、南门山遥遥相望。坝区面积26平方千米，耕地面积2880公顷，黑潓江由北至南纵贯全坝，山、水、田、村自然融合，分布有序，形成"山环水贯，世外乡居"的林盘平坝，是一个山水格局极佳的宝地（图2.1、图2.2）。

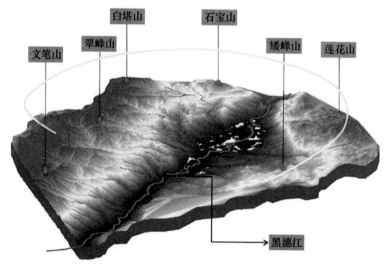

图 2.1　山水格局分析图一

8

图 2.2　山水格局分析图二（来源：朱骅允绘）

## 2.2　沙溪区位交通

　　沙溪镇距剑川县城 32 千米，距丽江 101 千米，距丽江机场 131 千米，距大理 120 千米，距大理机场 136 千米，距省会昆明 472 千米。有着便利的交通网络。距剑川县城约 50 分钟车程，距丽江 2 小时车程，距大理 2.5 小时车程。平甸公路由北向南贯穿沙溪镇域，向北联系剑川县城，向南联系洱源县乔后镇；向东通过沙牛公路联系洱源牛街乡，是沙溪镇域内主要的对外交通要道。镇域 14 个行政村均通公路，主次道路网相对完善（彩图 2.1）。这样的交通条件使得游客从大理、丽江两个方向都较容易到达沙溪，促进了沙溪的发展。

　　正在建设的剑川县城至沙溪境内的高速公路位于剑川县东部，纵贯甸南、沙溪两镇，并与县政府驻地金华镇有机衔接，起点通过甸南立交桥与 G5611 大丽高速公路相连，止点位于剑川、洱源两县交界处，与 084 县道相接，镇区南部的鳌凤村处有一高速下道口。高速公路建成通车后，沙溪镇距剑川县城约 20 分钟车程，距大理市中心和机场约 1 小时车程。便利的交通网络，将大大增强沙溪的交通可达性，促进区域发展。

## 2.3　沙溪历史文化

### 2.3.1　形成发展

在沙溪寺登街西南向的鳌凤山顶考古发现了春秋晚期至西汉初期鳌凤山古墓群。由此可见，沙溪在那时已经成为我国与南亚、东南亚各国进行文化经济交流的重要通道，是对外商贸的重要地点。之后郡县制开始广泛推行，使中原地区的先进文化和生产技术能够深入边寨之地，剑川沙溪地区的经济、社会得到有效发展。

唐宋时期，南诏（649—920 年）、大理（937—1253 年）在西南地区兴起，并成为当时唐朝和吐蕃（今西藏）的缓冲地带，是连接二者之间的纽带，也是二者经济、文化交往的主要途径之一，还是两种佛教文化相互影响的中间地带。沙溪作为茶马古道上的一个古镇，发挥着积极的作用。佛教对南诏、大理影响很深，使南诏、大理文化带上浓厚的宗教色彩，而沙溪是当时佛教文化传播的见证之一。沙溪镇沙登箐、石钟山沿线开凿于南诏、大理时期的石窟就是最好的证明。南诏、大理历代皇帝耗费大量人力、物力、财力在石宝山开凿石窟，而沙溪是南诏、大理通往石窟的必经之地。从现存石窟的题记中可以看出沙登箐、石钟山石窟主要由沙溪先人开凿完成，也就是说在唐宋时期，沙溪因其处在南诏、大理通往沙登箐、石钟山石窟的必经之地，成为唐、南诏和吐蕃经济、文化交流的陆路码头。

现在的人们对沙溪的历史发展存在两种截然不同的观点。第一种观点认为，沙溪的兴起应该始于唐代，南诏、大理的崛起为石宝山石窟的开凿奠定了基础，唐朝和吐蕃的交往推动了沙溪经济文化的繁荣和发展。第二种观点认为，沙溪的起源与发展应该在唐代以前。理由是沙溪附近华丛山铜矿的开采，沙溪先人在公元前 400 多年前就掌握了较高的青铜冶炼技术，形成了以黑潓江为中心的青铜制作冶炼基地。经济的崛起，必然导致民族宗教文化的繁荣。到了唐宋时期，即南诏、大理时期，经济的发展推动了沙登箐、石钟山石窟的开凿，所以沙溪的发展应该在唐代以前。仁者见仁，智者见智，但沙溪在唐代就已是一个繁荣的集市，应是一个不争的事实。

唐代以后，随着沙溪西面傍弥潜井（现弥沙盐井）、云龙诺邓井，西北部古兰州拉鸡井（古兰州即今天剑川马登镇），南边乔后盐井滇西四大盐井的开采，使沙溪成为离四大盐井最近的集市，其经济文化得到空前发展。因此，从唐代到民国的 1200 多年，沙溪一直是滇藏茶马古道上的重要驿站和商业重镇。南来北往的马帮在黑潓江边络绎不绝，在沙溪寺登四方街每隔三天进行一次交易，往来各地的马帮将自己运来的货物在沙溪卖出，又买进食盐、茶叶等，或者以原始的以物易物的方式进行交易，然后沿着茶马古道将盐、茶运到各地。到明代，沙溪的贸易已高度发达。西藏与云南、东南亚的贸易往来不断，而沙溪作为茶马古道上的盐都，茶叶中转站，越发显得重要。经济的发展推动了民族宗教文化的繁荣，明永乐十三年（1415 年），在鹤庆高知府倡议下，从民间集资在沙溪四方街西边兴建了兴教寺。由于沙溪处于佛教各种流派的交汇地，因此兴教寺集藏传佛教和佛教密宗于一身，形成多教派和谐共处的局面 [1]。

1949 年后，随着 214 国道（滇藏公路）的建成，主要交通不再经过镇区的平甸公路，同时大量优质廉价的海盐源源不断地涌入西南高原，以及国家盐税体制的改革，曾经为沙溪带来无尽财富的井盐贸易和茶马贸易的辉煌一去不复返，沙溪从此成为滇西北高原上一个默默无闻的农耕村落。

塞翁失马，焉知非福。沙溪因滞后的发展而保存了其独特的价值，寺登街也因此被誉为茶马古道上唯一幸存的集市。这个"唯一"主要的是因为这个集市周边所遗留下来的建筑空间反映出作为茶马古道驿站而拥有的齐备功能：有代表地方宗教信仰的寺院，有反映商业活动的店铺和街场，有体现人文精神的魁星阁，以及集市功能的延伸表现——戏台，丰富精彩的文化遗产让沙溪与众不同 [2]。

### 2.3.2 行政建置

明代以前，沙溪称为"沙退"，记载于沙登箐《张榜龙题记》[3]，或"沙腿"，记载于牛街《温泉庵碑记》[3]。到了清朝年间，称为"沙溪图"[4]。沙溪这一称呼的来源有两种解释，其一是说该地河水中多沙石；其二认为"沙"是古代一个从昆明迁徙来的部族名称。1921年，沙溪图改为剑川县第四区；1930年改为仕登镇；1949年再次改为剑川县第四区；1952—1984年间曾交替使用沙溪区和沙溪公社这两个名称；1988年起设沙溪乡；2001年起设为沙溪镇。

### 2.3.3 沙溪复兴

#### 1. 沙溪复兴工程缘起

1999年，被称为沙溪伯乐的王亚军得知瑞士联邦理工大学研究所的建筑遗产保护专家雅克·菲恩纳尔博士受世界纪念性建筑基金会（WMF）的委托，想在云南寻找有价值的建筑遗址列入世界建筑遗产保护名录。王亚军通过在瑞士联邦理工大学的米世文先生辗转向雅克博士推荐了剑川，收集了一些相关的文字和图片资料展示剑川的历史文化。2000年5月，在剑川各级政府的组织配合下，雅克博士、米世文先生一行到剑川进行了为期三天的考察，路线为剑川古城—石钟山石窟—沙溪寺登街—甸南天马老街。这次考察给雅克博士留下了深刻的印象，他没想到剑川还会存留那么多古建筑，还有那么淳朴的民俗风情。他认为剑川古城具有很高的价值，但由于范围太大，新旧建筑相互交错，操作起来难度较大。而沙溪寺登街作为茶马古道上的重要集镇，范围较小，古镇格局保存完整，可操作性较强[5]。

2001年10月，世界纪念性建筑基金会（WMF）宣布沙溪入选2002年的101个世界建筑遗产名录（又称"世界濒危建筑保护名录"）。剑川沙溪寺登街区域，因为"明清以来的巷道路走向尺度不变，古建筑群的建筑风格90%以上得到完整保留"，而成为云南省唯一的入选者。名录中指出："中国云南沙溪（寺登街）区域是茶马古道上唯一幸存的古集市。有完整无缺的戏院、旅馆、寺庙、寨门，使这个连接西藏和南亚的集市相当完备。"

2003年，《沙溪历史文化名镇保护和发展规划》审批完成。同年，

沙溪复兴工程开始实施。世界纪念性建筑基金会向沙溪复兴工程颁发
"杰出工程证书"。2003 年 5 月 20 日,沙溪寺登街区被联合国教科文
组织确定为"世界遗产遗址脱贫的可持续项目之一"。

2005 年 10 月,沙溪复兴工程被联合国教科文组织授予"联合国
教科文组织亚太地区文化遗产保护奖——杰出贡献奖",沙溪复兴工
程在文化遗产保护方面所取得的成绩得到了充分的肯定,为云南省乃
至周边地区提供了可资参考的范例 [5]。

## 2. 沙溪复兴的内容——3 层次、6 项目

2002 年 2 月,瑞士联邦理工大学的 20 多名学生到沙溪寺登街进
行建筑测绘,3 月在瑞士留学的黄印武接替米世文负责寺登街重要古
建筑的修复工作,瑞士团队由此拉开了沙溪复兴工程的序幕。

这是一个综合性的文化保护与发展项目。它以中国边远的西南山
区中深厚而丰富的历史文化遗产为根基,以古建筑保护为切入点,以
旅游发展为经济动力,以期实现文化、经济、景观之间相互依托、彼
此协调的可持续发展。

工程主要分为 3 个层次。第 1 层次:修护古建。古镇修复计划是
修复四方街和周围古建筑同时进行,它包括 12 个建筑复兴项目。第 2
层次:确保古镇环境的正确保护,同时稳定发展。这是古建筑所依托
的生态环境,也是民居群体价值的体现。对于大量的民居而言,个体
的简陋和随意完全不会影响整体的氛围和脉络结构的价值。第 3 层次:
整个坝子的保护和发展。这是古村落的背景,只有优美的自然景观才
能衬托出古村落的古朴,构成一派世外桃源的景象,为长远的发展提
供可能。

以这 3 个层次为基础,沙溪复兴工程通过 6 个项目具体实施。

项目一:四方街复兴。旨在修复传统的古建筑及复兴沙溪古四方
街。明代遗产——兴教寺(1415 年)及与其相连的戏台在寺登四方街
显得尤为独特,也是沙溪坝的主要景点之一。而四方街本身,配有寨
门、传统客栈和庭院,它们被认为是茶马古道上保存至今的最完整的
建筑群体。

项目二：古村落保护。旨在改善沙溪的基础设施以弥补已有设施的不足，促进其发展。为满足旅游发展的需求，以及改善当地居民生活环境的需要，制定了一个全面的发展战略。城镇规划的项目包括建设宾馆，改善现有设施和滨水景观。主要目标是保护和谨慎地发展沙溪寺登古村落。

项目三：沙溪坝发展。旨在创造一个适宜整个沙溪坝发展的文化景观。制定了着力于环境保护和直至 2020 年的生态旅游发展规划，这份规划包括以四方街为中心的一段重要的茶马古道修复项目。

项目四：卫生设施。旨在建立一个低造价的环保的卫生系统，设立奖励制度以鼓励当地住户参加如生态卫生厕所、污水处理、排污系统等项目的实施。2002 年，瑞士联邦环境科学技术研究院的专家对寺登村进行了环境卫生状况调查，指出了卫生、排污和固态垃圾的基本问题及其改善可能。

项目五：脱贫和文化复兴。旨在当地建立一个小额信贷项目以实现遗产可持续管理的构想。与商务教育、手工艺培训和中小学计划同时得到资助的项目还有生态旅游公司的建立及传统私家庭院的修复。

项目六：新闻发布。旨在通过媒体加强沙溪复兴工程工作情况的宣传，以提高公众意识并加强专家间的密切合作。

沙溪复兴工程的特点可以归纳为 3 个方面：其一，综合性。复兴不仅仅是指发展，而且包含保护，是特指以现有条件为基础的发展，以期再现曾经的辉煌。整个工程以古建筑修复为基础，以古村落的整体协调为依托，以沙溪坝的共同发展为目标，将文化遗产与经济发展统一起来，互为基础，相互促进。其二，现实性。整个项目所关注的对象是当地的老百姓的切身利益，脚踏实地地为改善老百姓的生活条件创造机会。其三，科学性。实施过程遵照国际保护宪章和法则，确保文化遗产的真实性和完整性，严格地进行记录、分析和比较，使得项目不仅取得优秀的成果，而且过程也一清二楚，有据可查 [5]。

### 3. 沙溪复兴的修护理念

面对众多国际性的修复原则和沙溪文化遗产的现实情况，如何具体实现理论与实践的结合变得非常复杂和微妙。作为复兴工程的设计师，黄印武先生在《一期沙溪复兴工程实践的回顾》一文中强调，沙溪的修复要遵循 4 个方面的实践原则 [5]：

第一，充分尊重文化遗产的现状。文化遗产是历史的见证，其所具有的历史价值包含了历史、社会、建筑、美学和科学的各个方面，从本质上来说是以物体的形态保留下来的一段历史。文化遗产的形成经历了漫长的历史过程，各个时期的历史或深或浅地烙印在文化遗产中，展现了文化遗产的丰富性、真实性和完整性。从这个意义上说，历史过程中发生的种种改变都是历史的一部分，不应当简单或武断地低估其所指代的历史和现实价值。也许这些改变破坏了最原始的设计，或者工艺、技术上逊于最初的设计，但这都是历史过程的真实反映，传递着不可模拟的历史信息。所以，对于文化遗产的现状，不论现在对其价值的认识处于何种程度，都应该充分尊重既有的现实，而不要轻易尝试改变。

第二，修复的目的是更加长久地保存文化遗产，展现给更多的人们来欣赏，所以文化遗产的安全性和稳定性就显得至关重要。文化遗产的安全性和稳定性从根本上来讲就是其建筑结构的稳定性。只有建筑结构的稳定性得到了保证，文化遗产才有继续存在的可能。因而要消除各种危及建筑结构稳定性的隐患。离开了文化遗产的安全性和稳定性，一切保护的想法都是纸上谈兵。任何不涉及结构稳定和安全的部分原则上不应该做任何改动和变更。

第三，赋予建筑遗产一定的功能，在不影响遗产价值和不改变遗产主体的条件下，既发挥其遗产价值，又发挥其建筑的实用价值，是极为必要的。一方面，沙溪的建筑遗产都是土木结构，长期空置无异于慢性毁灭。另一方面，建筑遗产的再利用既必要，也有益。但是再利用必须在不影响建筑遗产价值和建筑主体的情况下进行。只有在使用功能不危及建筑遗产的维护、活动内容与建筑遗产相协调的条件下才能实施。同时，改造方案应当是可逆的，将来认为这些改造内容不合适或不需要时，可以将其恢复到改造之前的状态。

第四，沙溪的经济发展远远落后于国内发达地区，物质条件十分局限，修复工作的开展也不得不考虑当地的现实技术条件。修复工作本身就是一项严谨的科学实践，不能因为技术条件的限制而降低标准。这里的技术条件既包括可用的材料，也包括当地的工艺水平。沙溪复兴工程在实施过程中，只能是依照修复原则，以当地可能的技术条件为基础，制定因地制宜的修复方案。

上述 4 个方面的实践原则源于国际通行的保护理念——保护文化遗产的真实性和完整性，是这些国际保护原则在沙溪实践中的具体化。真实性和完整性不仅指物质层面，同时也包含了非物质层面，也就是说，文化遗产的真实与完整不仅包括建筑和环境的真实与完整，还包括与建筑、环境有关的历史、文化、生活的真实与完整。

在复兴工程进行中，中外专家逐渐摸索出了一套适合沙溪的修复模式，包括"修旧如旧""原样修复"等，最大限度地保护古建筑。在给沙溪古镇修复时要铺设新的生活所需线路，考虑到古镇的路面都由石板铺成，修复工程队采用对每一块石板进行编号，每一平方米拍摄一张照片等方式，确保经过修复后，每一块石板，哪怕是一小块碎石也尽量回归原位。在墙面修复时，一是对只有局部剥落和破损，而墙体结构完整性较好的墙面采用"修旧如旧"手法，局部加固处理，确保墙面恢复原样；二是对墙体破损严重，对结构安全产生威胁的墙面，采取局部或整体拆除重砌，并通过建筑材料（如木材炭化、刷油防腐、增加锉刀痕等）及外表面做旧的处理手法修复墙面，保证修复后的墙面风貌协调、安全、实用。例如，魁阁戏台山墙下部刚修复时新旧对比显著，经过处理后的墙面新旧对比不明显，既能看出时代差别，又能保持风貌协调。临街商铺将窗下墙的砖石替换为木板，最大限度地保留了传统商铺的外观形式。戏台则采用传统木构的样式重新设计了藻井，与戏台整体风格协调。重新粉刷的油漆和增加的彩绘，兼顾了现代舞台表演功能的需求，使戏台在保持传统韵味的同时焕然一新（图 2.3）（彩图 2.2~ 彩图 2.7）。

新修复后的墙面（下部），新旧对比明显

处理后的墙面协调统一

2003 年临街铺面

2004 年恢复后临街铺面

2003 年修复前的四方街戏台

2005 年修复后的四方街戏台

图 2.3　沙溪传统建筑修复前后对比图

## 4. 对沙溪复兴的综合评价

沙溪复兴工程致力于文化遗产地的保护和可持续发展，以寺登街区域的恢复重建为核心，逐步扩展到整个沙溪坝，确保修复后的寺登街与周围的村落形成有机的整体，创造一个人与自然和谐相处的优美人居环境，通过发展观光旅游、休闲度假、历史文化旅游和生态旅游来带动第三产业发展，使当地群众从中受益，脱贫致富奔小康，为本地区的可持续发展树立榜样。

自沙溪寺登街区域被列为世界濒危建筑遗产以来，媒体纷纷予以报道宣传。《人民日报》《中国建设报》《中国文化报》《中国旅游报》《大公报》《明报》《中国西部》《香巴拉》，还有中央电视台、海南卫视旅游台、云南电视台等新闻媒体推出报道近 300 条，寺登街知名度不断提高。

对《沙溪寺登古镇保护与发展规划（2003）》实施后的整体评价包括以下几点。

（1）寺登古镇保护与发展规划中的 12 个复兴项目，至 2017 年已经完成了一半，保持了古镇重要建筑的风貌和寺登街的原始面貌，同时一定程度上完善了基础设施的建设，提升了整个村落的品质。

（2）通过沙溪复兴工程，更多的人认识了沙溪。沙溪的知名度和影响力在欧洲、美洲等海外地区不断扩大，旅游业开始逐步发展，每年都吸引了众多境外游客来领略和体验沙溪的地域文化和民族风情，为沙溪的经济发展做出了巨大贡献。同时，也提高了当地居民的归属感、认同感以及村落历史文化的保护意识，让村落整体风貌得到了较为完善的保护。

（3）沙溪复兴工程，成为中瑞合作的典范。此后，2010—2017年，又陆续合作完成了《沙溪镇总体规划》《沙溪镇镇区控制性详细规划》《大理沙溪传统村落群保护和发展规划》《沙溪镇黑潓江河道景观设计》，建立了良好的中瑞合作模式，为沙溪的发展建设注入了新的生机与活力。

（4）充分尊重文化遗产现状，保留不同时期历史痕迹的古建筑修复理念，使沙溪历史文化遗产的修复具有更为前沿的国际视野和史学观点，对后续的文化遗产修复具有很好的示范和借鉴作用。

（5）寺登村的城市基础设施和居民的居住环境得到了一定的改善，但还是有一些不足，如基础设施建设速度缓慢，影响村民出行，过于注重保护，没有拉动当地居民的就业等。

（6）沙溪历史文化名镇总体规划中提出的保护自然景观，在实施上有一定的阻碍。例如，随着村落规模的扩张，管理力度不够，建设用地供给不足，村民用自留地建房，不断侵蚀农田，难以控制，造成局部地区自然景观遭到破坏。

沙溪复兴工程是一个高度整合文化遗产保护与乡村可持续发展的实验性项目。它以滇西北深厚而丰富的历史文化遗产为根基，以文化遗产保护为切入点，以旅游驱动经济整体发展，以期实现文化、经济、生态之间相互依托、彼此协调的可持续发展。该项目先后得到多家政府组织和国际机构的资助和支持，以瑞士联邦理工大学和剑川县人民政府为主体实施。这个项目依托其国际化背景，在项目概念、组织和运作等方面做出了有益的尝试，为具有深厚历史文化根基的乡村发展和建设提供了诸多经验。

## 2.3.4　茶马古道与盐井文化

茶马古道从根本来讲属于一个文化概念，并非引自历史。它是20世纪90年代初由木霁弘、陈保亚等一批学者命名的 [6]。由于跨越的地域广，地形地貌比较复杂，所以每个历史时期，其道路系统都会有变化，但这些地区之间的商业贸易却客观存在。茶马古道与"南方丝绸之路"的概念有区别，它不是一条简单的纵贯南北的道路，而是一个盘根错节的交通系统。

目前，学术上达成共识的"茶马古道"主要有三条主线，分别为青藏线、川藏线、滇藏线，还有众多的辅助支线散布周边地区，跨越青、藏、川、滇一直向外发展到西亚、南亚和东南亚地区。滇藏茶马古道南起普洱茶产地云南西双版纳、普洱，经大理、剑川、丽江、迪庆到西藏的左贡、拉萨到尼泊尔、缅甸等东南亚地区。由于政权的更迭、历史的演变、环境的复杂多样等不同原因，使得茶马古道的路线也发生了巨大的改变。连接青藏高原和周边地区的官道、贡道、驿道以及民间商道的许多路段，在不同的历史时期都被纳入茶马互市的交易通道之中，形成纷繁复杂的局面。但不可否认的是，在漫长的历史进程中，茶马古道一直是连接西藏和内地经济、文化的重要桥梁和纽带。

元明两代，洱海流域进行大规模的排湖、泄湖，凤羽至牛街一带大量的土地露出，云南地方政府之后实施了大规模的移民与屯田，洱海湖岸西北沿线得到开发，苍山东麓的道路随之彻底开拓打通。至此，从大理到剑川的古道不再沿苍山西麓的黑潓江河谷行走，而是沿苍山东麓大理—喜洲—邓川—右所—三营—牛街—甸南—剑川继续往北行（图2.4、图2.5）。

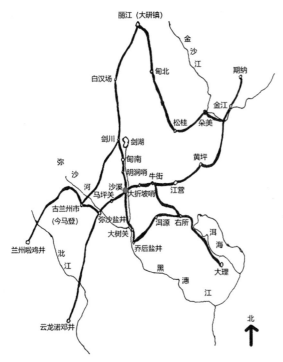

图 2.4　民国时期马帮行程图（来源：《剑川县志》）

图 2.5　滇藏古道行程路线图（来源：朱骅允绘）

云南盐井的开采历史源远流长，早在东汉时期就有了关于盐井开采和生产的文献记载："连然（今安宁），有盐官。"[7] 到唐代，盐业产地进一步扩展，但因资源环境、地理条件、生产技术及经济水平等方面的制约，一直到明、清时期才有较大发展。盐产地也从滇中、滇西扩展到滇南，构成近代云南境内三个盐业中心布局。

由于明末以来其社会

经济处于一蹶不振的状态，所以云南盐政在清初采取松散、放任的管理方式，并没有严格统一的制度措施。《新纂云南通志》中记载："唯各井章制不一，时有变更。"还记载有"滇盐不行部引，按井给票，商人操办完课。"[8] 可知，当时的盐井大多尚未被官府统一垄断管理，而是由民间商人自由买卖，具有"商包商销"的性质。清嘉庆年间，实施灶煎灶卖、就地征税、就地卖盐的新制度；清末，演变为官收民制的政策。虽然盐业政策随着政治制度的变革而几经变化，但其在滇西北经济贸易中的主角地位没有发生改变，一直都是茶马古道上核心的贸易交流商品。

剑川沙溪就处在这样一个盐井资源丰富的滇西北地区。唐代以后，随着沙溪西面傍弥潜井（现弥沙盐井）、云龙诺邓井，西北部古兰州拉鸡井（古兰州即今天剑川马登镇），南边乔后盐井滇西四大盐井的开采，使沙溪成为离四大盐井最近的集市（图2.6）。盐井的开采，使沙溪在茶马古道上陆路码头作用发生质的变化，成为举足轻重的盐都。滇藏古道剑川境内的干线上又发展出一系列盐运道：一条是乔后—沙溪—剑川古道；一条是弥沙—沙溪—剑川古道；一条是碧江—营盘—拉鸡井—金顶—马登—羊岑—剑川古道；一条是沙溪—牛街，沙溪—洱源—邓川—大理的古道。这些古道大都为盐务运输古道，一直为滇藏古道南来北往的运输紧张地服务着。到了清末民初，盐马贸易进入鼎盛阶段。

1934年，滇藏公路实施测设。1936—1946年，滇藏公路大理—牛街段逐步修通。1952年4月，牛街—剑川段修通。1959年3月，开通了漾濞至沙溪的道

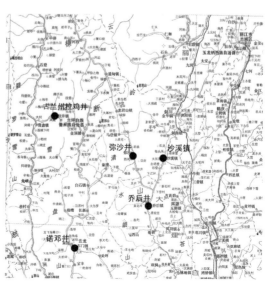

图2.6  沙溪与四大盐井位置关系图（来源：朱骅允绘）

路。1976 年 7 月，滇藏公路全面修通。随着滇藏公路运输事业的迅速发展，昔日的茶马古道日渐衰落 [5]。

## 2.3.5  青铜文化

公元前 400 多年，沙溪先人就拥有了较高的青铜冶炼技术，沙溪就形成了以黑潓江为中心的青铜冶炼制作基地，成为云南青铜文化的发源地之一。鳌凤山古墓葬群和沙溪东面华丛山铜矿遗址遗留至今。

鳌凤山古墓群出土的文物属洱海地区青铜文化，它的发现不但对研究洱海地区的青铜文化提供了极其重要的实物资料，也为研究云南的社会历史及云南与中原文化的交流等提供了重要依据。其出土的贝币等文物对我们研究寺登街区域的历史、贸易以及它在茶马古道上的地位、价值、作用等都具有深远意义 [5]（图 2.7~ 图 2.9）。

铜发箍上的纹饰　　　　鳌凤山出土的铜发箍

图 2.7　鳌凤山出土的青铜器（来源：《沙溪特色小镇创建方案》）

图 2.8　鳌凤山出土的绿松石（来源：《剑川文史资料选编·第八辑》）

图 2.9　鳌凤山出土火葬罐（来源：《剑川文史资料选编·第八辑》）

### 2.3.6　宗教文化

**1. 本主文化**

　　白族本主信仰历史悠久，起源于原始宗教、自然崇拜和图腾崇拜。目前，关于本主最早的文献记载是元代的《记古滇说集》："蒙氏威成王闻知，乃亲幸于滇，册杨道清为'显密圆通大义法师'，始塑大灵土主天神像，曰摩诃伽罗。"[9] 形成于唐宋年间的南诏、大理时期，到清代有较大发展，现在存世的本主碑刻多属于清中叶。

　　本主崇拜最初的表现形式即"朵兮薄"教。朵兮薄意为"神秘的主宰者"之意。朵兮薄巫师是本主的使者和本主意志的代言人，而本主则是朵兮薄巫师崇拜的主要神灵。朵兮薄巫师与本主通过特有的语言动作对话，是白族百姓与本主之间沟通的桥梁。本主崇拜的神系有 4 种类型，即自然崇拜、祖先崇拜、英雄崇拜和偶像崇拜。

　　沙溪本主崇拜，其专崇的神灵各村有别，有少数村子独专一种，而多数村子则专奉"大黑天神"。具体情况如下：下科村专奉的本主是"宾居大王"，大木渡村崇拜的是"白姐圣妃"，象龙额和富乐禾专奉"赵北仁天"，寺登和北龙村的北家场专奉"托塔天王"，其余近70% 的自然村落都专奉"大黑天神"为本主 [5]。

　　在沙溪，人们崇信"本主"可以说虔诚之至。每年的本主诞辰都要举行盛大的本主会，时间 1~3 天不等。本主会期间要举行迎本主的仪式，开展唱戏、耍牛、唱白曲等丰富多彩的文娱活动。凡是婚嫁之家，婚礼前都要到本主庙烧香、叩拜，祈求平安保佑赐福。村中尚有轮流送香的传统习俗，每天都有人上香，庙里香火连绵不绝。尤其是每年除夕，摆放祭品、燃放鞭炮、磕头烧香的"供神"人群络绎不绝，可见崇拜"本主"之风的浓厚和热烈。（图 2.10~ 图 2.12）

图 2.10　沙溪本主（来源：《沙溪特色小镇创建方案》）

图 2.11　迎送本主（来源：《沙溪特色小镇创建方案》）

图 2.12　沙溪本主庙

### 2. 佛教文化

佛教密宗最早于南诏时期从印度传入云南，剑川也因此受到密宗文化的影响，它与当地白族的原始宗教、民俗信仰相结合，形成具有地方性和民族性的宗教文化，藏族称为"藏传佛教"，白族称为"阿吒力"教，在南诏王朝的鼎力支持下迅速发展，广泛传播，成为具有鲜明地方特色的密宗派别。大理国时期，佛教密宗阿吒力深受统治阶级的认可和扶持，成为上至达官贵人，下至百姓的普遍信仰，这一时期的地方政权因此而享有"妙香佛国"的美誉。但到元、明时期，由于阿吒力僧人与段氏总管多次联合反对朝廷，遭到政府的取缔和镇压，宗教势力大大削弱并逐渐成为地方宗教。

元代以后，佛教密宗阿吒力势力逐渐衰弱，佛教禅宗各派势力传入境内。禅宗拓建山寺，逐渐在剑川白族地区兴盛，石宝山寺及石龙寺就建于这一时期。明初至清中叶是剑川禅宗的鼎盛时期。到清末，战争连年，民生凋敝，佛教禅宗、密宗同时衰落。1912 年以后，除少数寺庙香火旺盛之外，其余大多无人问津，一片萧条。

石宝山位于剑川县南部、沙溪盆地北端，属老君山南延支脉，北离剑川县金华镇 23 千米，景区占地面积 25 平方千米，主峰宝顶峰（又称佛顶山）海拔 3038.9 米。民间素有"大理有名三塔寺，剑川有名石宝山"的美称。石宝山石窟开凿于唐晚期，即劝丰祐天启十一年（公元 850 年），经五代历两宋止于大理国，历时 300 多年。1961 年，石宝山石窟与甘肃敦煌莫高窟、山西大同云冈石窟、河南洛阳龙门石窟和重庆的大足石窟一起被国务院评为全国第一批重点文物保护单位[10]。1988年11月，石宝山（包括石钟寺、宝相寺、金顶寺、海云居）被列为全国第一批重点风景名胜区。在石钟寺区石窟中有很多佛教密宗的佛像和壁画，堪称云南佛教历史博物馆。其艺术处理手法有明显的藏传佛教艺术影响痕迹，还有印度僧人、波斯人和梵僧的造像，真实地反映出与西亚、南亚各国进行文化交流的历史。

寺登街的兴教寺是剑川的佛教圣地，其建成年代，有文献记载是明朝永乐年间的事情，在那之前的历史没有直接的文献记载和考古证明。学者杨惠铭根据历史文化背景和访谈资料推测："在明洪武年间以前极可能有一座阿吒力教的寺庙，只是阿吒力教在'明洪武浩劫'中遭遇不测，其情况很可能是'寺毁僧失，经幢被焚，法器俱流其所。'到了明永乐年间……重新建寺立庙，并将其贯名曰：'兴教寺'。"[5]

明永乐年间到清康熙时期的200多年间，是密宗阿吒力教在白族地区的繁荣时期，也是兴教寺最辉煌的时期。当时的兴教寺整日香客盈门，香火不断，归属寺庙的常住田遍布沙溪坝子，寺内僧人剧增，衣钵传递顺利。之后阿吒力教被清政府定为"邪教"，并采取一系列的镇压政策，寺庙也就随之走向衰落。清初，沙溪圣谕坛入住兴教寺，宣讲《世祖章皇帝圣谕六训》。后来道教传入沙溪，在兴教寺中举行典礼、宣讲圣谕、弹演洞经。到康熙五十八年，剑川知州王世贵在寺内设学立馆，宣传儒家文化，之后还在寺中挂起了"广兴三教"的匾额，彻底瓦解了密宗阿吒力教在当地的核心地位。至此，兴教寺已经成为融儒、释、道三教合一的寺院。（图2.13~图2.16）

图 2.13　兴教寺入口

图 2.14　兴教寺大雄宝殿前内院

图 2.15　兴教寺天王殿前内院

经济的繁荣与文化的发展是一种相辅相成的关系，寺登街作为茶马古道上的陆路码头，是南北文化的交流平台，更是资金贸易的汇集点，从而促进了石宝山石窟的开凿，使得经贸与宗教、政治更加紧密地联系在一起。2010 年编制的《云南剑川石宝山—寺登街旅游区旅游总体规划》提出整体打造"石宝山—寺登街"国家 AAAA 级景区的

图 2.16　兴教寺内天王殿

战略目标。该规划明确指出寺登街景区要适度向四周延伸，并与石宝山南侧区域相联动，对寺登街及周边的发展提出了新的规划要求。2012 年，"石宝山沙溪古镇"景区被评为国家 AAAA 级旅游景区，其知名度和影响力进一步提高。

### 3. 儒家文化

中国古代封建社会有文昌帝君、关公、吕洞宾、魁星、朱衣五位文神，合称"五文昌"。文昌帝君是道教中最重要的一位神灵，掌管世人的功名利禄，是求取功名的文人主要崇奉的对象。魁星是除文昌帝君之外被崇信最多的神灵。读书人原本自认清高，在"学而优则仕"的社会潮流影响下蒙上了功利而世俗的色彩。学子们寒窗苦读数十载，为的就是能有一天登堂入室、考取功名，能谋得一官半职，光宗耀祖，因此来祭拜魁星的人熙熙攘攘、络绎不绝。古书记载："剑川山清水秀，士生其间，多聪俊雅驯。城乡远近，处处设塾延师，诵读之声不绝。是以人文蔚起，科甲接踵，在迤西诸郡中，足称翘楚……子弟成童，即肄诗书，以不学为耻。工匠亦有通文理者。"[11] 魁星阁正是在这样的社会背景下，遍布全国各地的大小村镇，沙溪各村的魁阁和戏台，从明代到民国共建有 19 座，现存 9 座魁星阁[5]。

沙溪历史上虽是集市繁荣、商贾云集、富甲一方的经济重镇，但儒学传播、文化教育一直都是该地区的优良传统。明清时期，沙溪境内就出过 3 个进士，8 个举人，成为崇尚儒学、倡学重教、文风鼎盛之地。史料记载："剑自明初，判官赵彦良始建学宫，文教渐开。成弘以来，士有实行，兼有实学。"[11]（图 2.17）

图 2.17　寺登街魁阁戏台

## 2.3.7 民俗文化

### 1. 民俗活动

太子会是沙溪古镇传统的民俗活动，每年农历二月初八，男女老幼披红挂绿，云集兴教寺和回女街，抬着太子、佛母的神像举行游行庆典，寺登街上人声鼎沸，舞乐连天，灯火绵延，通宵达旦。

农历七月二十七日至八月初一日的石宝山歌会久盛不衰。歌会期间，来自大理、丽江、怒江、鹤庆、云龙、洱源、兰坪等地的青年男女穿着节日盛装，聚首石宝山弹三弦唱情歌，尽情欢乐。它是滇西青年相互交往的典型盛会。

白族古有火崇拜习俗，火把节是农历六月二十五日，各村由年内新添子嗣之家做"会首"，在本村坝中竖一高大的火把，常年扎12台，闰年扎13台，顶端扎升斗旗帜，上书"风调雨顺""五谷丰登"字样，下悬花红、梨子、铜钱等物。

闹春牛是在立春日或春节开年，造土牛以劝农耕，农民鞭打土牛，象征春耕开始，以示丰兆，策励农耕。是民俗文化的重要内容。

古城隍庙会的会期在农历三月初三至初五。为白族文化娱乐和农牧物资交流盛会，届时，会场内社戏连连，四乡民众，一边看戏听曲，一边做各种物资交易（图2.18~图2.22）。

图 2.18　太子会

图 **2.19**　石宝山歌会

图 **2.20**　火把节

图 **2.21**　闹春牛

图 2.22　城隍庙会

## 2. 特色饮食

　　沙溪是剑川地区主要的粮食产区之一，主要农作物有水稻、玉米、小麦、蚕豆等。作为昔日茶马古道上的重要集市，从来不缺各色美食，其中较有特色的包括：地参、花鱼、松茸、牛肝菌、芸豆、梅子、牛（羊）乳饼等，是当地白族人宴请宾客，馈赠亲友的美味佳肴。

图 2.23　土八碗

　　其中，"土八碗"是白族传统饮食文化的集中表现，一般出现于白族地区的红白喜事宴请当中。8 个人一桌，由 8 道热菜组成：①添加红糯米的红肉炖；②挂蛋糊油炸的酥肉；③加酱油、蜂蜜扣蒸的五花三线肉千张；④配加红薯或土豆的粉蒸肉；⑤猪头、猪肝、猪肉卤制的干香；⑥加盖肉茸、蛋屑的白扁豆；⑦木耳、豆腐、下水、蛋丝、菜梗氽制的杂碎；⑧配加炸猪条的竹笋。荤素搭配合理，肥而不腻，素而不淡，营养丰富（图 2.23）。

每年七八月雨季来临的时候，是各种菌类"狂欢"的季节。野生食用菌中有松茸、木耳、牛肝菌、鸡枞、干巴菌等 20 余个品种，其中松茸产量最多。松茸的生长发育对环境要求严格，难以人工栽培，完全靠野生采集，所以价格昂贵。松茸富含粗蛋白、粗脂肪、粗纤维和维生素 $B_1$、$B_2$ 等元素，不但味道鲜美，而且有益肠胃、理气化痰、驱虫及对糖尿病有独特疗效，是中老年人理想的保健食品。

同时，沙溪既是云南省境内野生地参的原产地，也是野生地参最早人工驯化栽培的地方。随着人民生活水平的提高，地参产品市场需求量日益增加，是大力扩展产业规模的好时机。地参根茎观之洁白如玉，食之清爽脆嫩，炒食、蒸煮、做汤、腌渍、醋泡、糖浸，做蜜饯、酱菜均可，尤其香酥油炸地参，风味独特、脆香无比，堪称菜中一绝，食之口味清香，具有提神醒脑、开胃化食、补肝肾两虚、强腰膝筋骨的作用（图 2.24~图 2.26）。地参一般为晾晒后干品出售，油炸煎制后酥脆可口，老少咸宜，远销至北京、上海、四川等地，是沙溪的代表性土特产。

图 2.24 地参

图 2.25 地参加工厂

图 2.26 地参照片（来源：https://z.xiziwang.net/zhongyao/86408/）

## 3. 剑川木雕

剑川木雕历史悠久，其工匠造诣久负盛名，民间有"丽江粑粑鹤庆酒，剑川木匠到处有"的谚语。明初，剑川的许多优秀木石工匠应召入京，参加故宫等大型宫殿工程建设，不仅发挥了地方精良的传统技艺，也学习吸收了中原地区的先进技术，使剑川木石技艺更臻完善。至清代，剑川木石工艺声名远播。清乾隆年间，张泓在《滇南新语》中描述道："盖剑土硗瘠，食众生寡，民俱世业木工。滇之七十余州县及邻滇之黔、川等省，善规矩斧凿者，随地皆剑民"。现存昆明华亭寺、筇竹寺、圆通寺及原金马、碧鸡、忠爱三坊，钱南园祠堂、建水文庙、石照壁，孟连宣府司署、保山玉皇阁、牛旺岩子寺、宾川鸡足山等大部分佛寺之建筑设计、木石雕凿大多出自剑川工匠之手。1958年以后，剑川木石工匠曾三赴北京人民大会堂、民族文化宫，参加仿古木建筑的修建，受到省、州人民政府表彰奖励。1972年以后，剑川民族木器厂不断强化培训，为地方培养大量木雕人才，带动全县城乡木雕工业，形成甸南狮河、朱柳，金华一带农村密集型家庭木雕艺术产业。剑川民族木器厂为主生产的许多雕漆云木、仿古家具远销亚、拉美、美、欧30多个国家和地区。尤其在1980年以后，剑川木雕产品进一步走向世界，成为地方出口创汇重要产业。此间，仿古建筑与木雕工艺逐步分别独立发展。在木雕工艺迅速发展的同时，各乡（镇）古建筑如雨后春笋般地出现，在继承发扬民族传统建筑工艺基础上，不断借鉴创新，将剑川精湛的木石工艺传遍大江南北。

1956年以后，剑川金华木器合作社成立，县内开始了工厂式木质建筑、木雕制作。在木器合作社的带动下，农村个体木工迅速恢复发展，至1964年，农村木工发展至1655人，占农村总劳动力的4.17%。

1970年，在工业调整方针指导下，剑川县建筑木器厂成立。建厂初，主要以建筑为主，辅以普通民用门窗家具制作。1973年，广州春交汇展出期间，剑川木雕轰动广交会，许多客商纷纷订购剑川家具。从此，剑川木雕家具开始走向世界。随着经济改革的发展，建筑木器厂改建为剑川县民族木器厂，工厂除扩大出口家具生产外，加强对厂内职工及社会青年的培训，成为全县木雕制作培训中心。

剑川传统木雕家具为雕花格子门、雕花桌案、大理石镶嵌木雕楣椅、花几、茶几、屏风、画屏。1982 年后，随着经济生活和旅游文化事业的发展，新开发出木雕小件及定制木雕佛像、匾额。剑川木雕以质地细腻著称，常用原料为红木、青皮、梘、野樱桃等优良木材。雕刻忠于传统技艺，所制作的家具，既精美，又坚实耐用。榫卯衔接一丝不苟，令人难以分辨连接之处。雕凿部位阴阳相称、透视合理、栩栩如生。1990 年，除民族木器厂外，集体木雕厂社纷纷建立，各家均以信誉、质量为重，在竞争中发展前进，产品质量竞争使剑川木雕技艺更加精良，赢得国内外客商的信赖和欢迎[4]。1996 年，剑川被文化部（现为文化和旅游部）命名为"中国木雕艺术之乡"；2009 年，被中国家具协会授予"中国民族木雕家具产业基地"；2011 年，剑川木雕列入第三批"国家级非物质文化遗产保护名录"；2013 年成功注册"剑川木雕国家地理证明商标"[1]。2017 年，全县从事木器木雕产业人员达 21000 余人，其中，联合国教科文组织授予的"民间工艺美术大师"2 人，国家级工艺美术大师2 人，中国民族工艺美术大师 5 人，省、州工艺美术大师 24 人[2]。

鳌凤村是剑川清代木雕大师杨永甲的故乡。无论是剑川县城里的古城，还是远离县城的沙溪古镇，都保留着许多年代久远的门窗木雕。白族常见的建筑格局也是四合院结构的。大户人家的四合院，大门极为气派，有些斗拱和屋顶当中不乏各种鸟兽虫鱼的雕刻作为装饰（图 2.27~ 图 2.28）。

图 2.27　木梁雕刻制作过程

图 2.28　木雕成品

---

1　2016 年剑川县木雕石刻产业发展报告。
2　剑川县人民政府网 http://www.jianchuan.gov.cn.

#### 4. 其他传统手工艺

剑川传统工艺品还有刺绣、布扎和扎染。刺绣有刺绣手帕、精绣花鞋、挂包、头巾、飘带、腰带、鞋垫等。刺绣小件绣花精美，民族特色突出，一般分彩色精绣和单色对称挑花两种。布扎则是一些小巧精致的布艺装饰物。每逢端午节，儿童都在胸前挂一串布扎，用以驱邪镇恶，以示对美好生活的追求。一串布扎由狮子、老虎、绣球、八卦、鱼、童子、香包、兔子等3~8件组成。其造型古朴，色彩艳丽，具有较强的装饰效果（图2.29）。

扎染是我国民间传统的染色技术之一，与蜡染和镂空印花并称为我国古代三大印花技术。如今，这种民间古老的手工印染工艺主要在大理市周城和巍山县城、大仓、庙街、沙溪等地制作。扎染一般是用线在被印染的织物打绞成结后，再进行印染，然后把打绞成结的线拆除的一种印染技术。白族妇女们尤为擅长扎染和刺绣。扎染有一百多种变化技法，各有特色。沙溪镇的扎染工艺品包括扎染布衣、彩色扎染拼接的手工布包等（图2.30）。

图2.29 布扎      图2.30 扎染

唐代以后，剑川民间瓦、砖建材使用量普遍增多。明清时期，剑川各寺观庙宇、殿堂亭榭所使用的彩质琉璃瓦、琉璃金鸡、鳌鱼、海马、龙凤等古建筑装饰材料更是丰富多彩。除建材外，还大量生产瓮、缸、罐、土锅、火炉、香炉、花盆、烟斗等各类日用品，色彩鲜艳，制作精良，美观耐用，行销远近各县市。

制陶多为家庭作坊个体手工业，1985年以后，甸南、沙溪两地个体办砖瓦窑者逐渐增多。尤其本地兰花大量畅销之后，甸南海虹、上下登、永和、江长渡、天马几个村的村民都建起了家庭小型瓦窑，畅销至昆明、大理、保山、丽江各地[4]。其中，黑陶被誉为"土与火的艺术，力与美的结晶"。有黑如漆，声如磬，薄如纸，亮如镜，硬如瓷的特点。沙溪土壤优良，适于制陶，黑陶制造在沙溪已有数千年历史（图2.31、图2.32）。

图 2.31　黑陶

图 2.32　黑陶制作

## 2.4　沙溪旅游资源

### 2.4.1　镇域山区范围的资源

镇域范围内以自然资源为主，人文资源为辅，且主要集中于石宝山、石龙村（传统村落）、马坪关三地。

自然资源主要有：石宝山、石宝山云海、石龙水库、钟山水库、石宝灵泉、石宝山凸峰、石宝山碑碣、石宝山奇特与象形山石、石宝山岩壁与岩缝、沙登箐石头城、西山群（佛顶山、石伞山、金鸡山、鹿心山、鹅尖山、白塔山、文笔山、五指山、翠峰山）、东山群（华丛山、莲花山、矮峰山）等。

人文资源主要有：石龙村（传统村落）、白曲文化传习所、狮子关石窟区、石钟寺石窟区、沙登箐石窟区、石宝山壁字壁画、马坪关、马坪关魁星阁、海云居、灵泉庵、金顶寺、宝相寺、通明阁、对歌台等（图2.33）。

图 2.33 镇域范围旅游资源分布图

## 2.4.2 镇区以外的坝区资源

镇区以外的坝区范围内资源分布相对均匀，自然资源和人文资源各占半壁江山。

自然资源主要有：月牙塘、长乐温泉、白龙潭、白龙潭悬瀑、坝区丛林、田园景观。

人文资源主要有：分布于华龙村（传统村落）、甸头村（传统村落）、甸头禾的慈荫庵与玉皇阁、本主庙、关圣宫、观音庙、戏台、甸头山火葬墓群。段家登村（传统村落）的魁星阁加戏台、东皇庵、段家大院、本主庙。沙登的杨惠墓、山神庙、新孔庙、文昌宫、本主庙。江长坪的北龙白子头山遗址、北龙魁星阁、东寨门、文昌宫、北龙莲花塔。丰登禾的本主庙。象龙额的回龙庵、即香山、戏台。东南村的文星庵、魁星阁、山神庙、彩云庵、彩云岗塔、华龙龙王庙、玉笋塔。鳌凤村（传统村落）的庆会庵、福寿长魁星阁、鳌凤魁星阁、庆会庵、大箐口化石点。白塔登的山神庙、碉楼、灯塔源泉寺、灯塔魁星阁加戏台、观音庙。谷登的溪南段良府，白龙潭的石鳌桥以及长乐村（传统村落）的长乐三教寺、本主庙、长乐魁星阁、观音寺（图2.34）。

**图 2.34　镇区以外的坝区旅游资源分布图**

### 2.4.3　镇区范围内的资源

　　镇区内自然资源较少，人文资源居多，尤其寺登村（传统村落）分布较为密集，彰显了厚重的历史人文底蕴。

　　自然资源主要有：纵贯南北的黑潓江、周边农田以及鉴证历史的百年古树。

　　人文资源主要有：下科村的玉皇阁、启文庵、寺登村（传统村落）、城隍庙、城隍庙照壁、烈士陵园、古墓群、北寨门、南寨门、东寨门、魁星阁和戏台、寺登古民居群、欧阳大院、赵家大院、李家大院、杨家大院、赵氏家宅、老马店、兴教寺、三家巷、北古宗巷、南古宗巷、四方街、玉津桥、西地桥。中登村的印月庵、风雨楼、文风桥。江乐禾的鳌凤山古墓群、文昌庙（图2.35）。

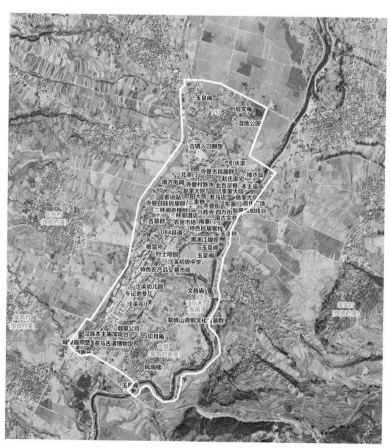

图 2.35　镇区范围旅游资源分布图（来源：朱骅允绘）

### 2.4.4 旅游资源分类与评价

#### 1. 旅游资源分类

资源实体的丰富度是旅游开发的重要先决条件。沙溪具有良好的历史文化本底、民俗文化本底、生态本底，拥有丰富的旅游资源，资源环境独特性强、组合良好，有利于沙溪旅游活动的开展。

通过对沙溪及周边资源的认真调查和分析（表2.1、图2.36），沙溪旅游资源由2个大类、8个主类、26个亚类、84个基本类型构成，占国家基本类型的54.2%。按照国家旅游资源分类标准[12]，沙溪镇域共有405个资源单体，其中自然资源39个，占9.6%，人文资源366个，占90.4%，结合旅游资源空间分布可以看出：沙溪自然资源数量相对较少但面广，人文资源数量相对较多且呈现小而聚的特征。

**表 2.1 沙溪旅游资源占比统计表**

| 类别 | 自然旅游资源 | | | | 人文旅游资源 | | | | 合计 |
| --- | --- | --- | --- | --- | --- | --- | --- | --- | --- |
| | 地文景观 A | 水域风光 B | 生物景观 C | 天象与气候景观 D | 遗址遗迹 E | 建筑与设施 F | 旅游商品 G | 人文活动 H | |
| 现有基本类型数量 | 8 | 7 | 6 | 4 | 3 | 36 | 6 | 14 | 84 |
| 国家标准基本类型数量 | 37 | 15 | 11 | 8 | 12 | 49 | 7 | 16 | 155 |
| 各主类下基本类型比重（%） | 21.6 | 46.7 | 54.5 | 50.0 | 25.0 | 73.5 | 85.7 | 87.5 | 54.2 |
| 占现有总比重（%） | 9.5 | 8.3 | 7.1 | 4.8 | 3.6 | 42.9 | 7.1 | 16.7 | 100.0 |
| 合计（%） | 29.7 | | | | 70.3 | | | | 100.0 |
| 占国家标准总比重（%） | 5.2 | 4.5 | 3.9 | 2.6 | 1.9 | 23.2 | 3.9 | 9.0 | 54.2 |
| 合计（%） | 16.2 | | | | 38.0 | | | | 54.2 |

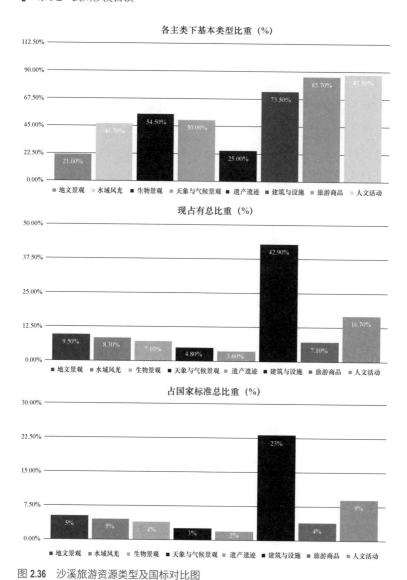

图 2.36　沙溪旅游资源类型及国标对比图

半山区、山区旅游资源主要为自然资源，在整个镇域的自然资源中占了很大比重，而人文资源主要集中于石宝山、石龙村、马坪关三个地点。坝区旅游资源分布均匀，自然资源和人文资源参半。规划区旅游资源以寺登村较为密集，规划区旅游资源整体分布相对均匀，以人文资源居多，自然资源相对较少，彰显了厚重的历史人文底蕴。

## 2. 旅游资源评价

通过对沙溪镇域资源的调查和分析发现，沙溪旅游资源中三级、二级最多，四级、一级其次，五级最少，数量比重呈金字塔状。

其中，沙溪精品旅游资源在镇域层面主要是：山林、田园、河湖、村落、古镇、宗教、民俗、茶马。镇区层面主要是：水系、古建、古巷、宗教、民俗。

资源实体的丰富度是旅游开发的重要先决条件。沙溪拥有丰富的旅游资源，环境特色突出、组合良好，有利于沙溪旅游活动的开展。但从宏观来看，旅游资源现状分布范围广、比较分散，需要统一规划、整合资源、系统联动发展（表 2.2）。

表 2.2　沙溪旅游文化资源分析评价表

| 等级 | 镇区 | 坝区 | 镇域 |
|---|---|---|---|
| 五级旅游资源 | 沙溪坝子 | 寺登街、四方街、兴教寺、寺登魁星阁加戏台 | 石宝山、狮子关石窟区、石钟寺石窟区、沙登箐石窟区 |
| 四级旅游资源 | 甸头山火葬墓群、沙坪杨惠墓 | 黑潓江、玉津桥、084县道、南古宗巷、北古宗巷、东巷、寺登古民居群、特色民居客栈 | 沙登箐石头城、石宝山凸峰、石宝山奇特与象形山石、石宝山岩壁与岩缝 |
| 三级旅游资源 | 段家登魁星阁加戏台、北龙魁星阁、东南魁星阁、长乐魁星阁、鳌凤魁星阁、福寿长魁星阁、灯塔魁星阁加戏台、溪南段良府、马坪关鳌桥、白龙潭、北龙白子头山遗址 | 东寨门、南寨门、茶马古道博物馆、茶马古道陈列馆、车记地参厂、粮管所、本主庙、玉皇阁、启文庵、印月庵、东南文昌庙、城隍庙、风雨楼、老马店、赵氏家宅、三家巷、欧阳大院、陈家大院、杨家大院、赵家大院、李家大院、寺登白族民居群、四方街老槐树、兰林阁老槐树、兰林阁酒店、鳌凤山古墓群 | 东山群（华丛山、莲花山、矮峰山）、西山群（佛顶山、石伞山、金鸡山、鹿心山、鹅尖山、白塔山、文笔山、五指山、翠峰山）、石龙水库、钟山水库、石龙民俗村、海云居、宝相寺、金顶寺、通明阁、灵泉庵、白曲文化传习所、石宝灵泉、石宝山（野生猴群）、石宝山云海、石宝山壁字壁画、石宝山碑碣、马坪关、马坪关魁星阁 |

| 等级 | 镇区 | 坝区 | 镇域 |
|---|---|---|---|
| 二级旅游资源 | 甸头慈荫庵、甸头玉皇阁、甸头本主庙、甸头关圣宫、甸头观音庙、四联东皇庵、四联本主庙、沙坪本主庙、沙坪文昌宫、北龙文昌宫、北龙丰登禾本主庙、华龙象龙额回龙庵、华龙即香山、东南文星庵、东南彩云庵、长乐三教寺、长乐本主庙、长乐观音寺、福寿长庆会庵、灯塔源泉寺、灯塔观音庙、灯塔山神庙、红星回龙庵、沙坪山神庙、沙坪新孔庙、华龙龙王庙、东南山神庙、甸头戏台、华龙戏台、段家大院、北龙莲花塔、东南彩云岗塔、东南玉笋塔、灯塔碉楼、红星擎天宝塔、长乐温泉、大箐口化石点 | 烈士陵园、古墓群、火葬墓群、城隍庙照壁、沙溪土特产店、沙溪农贸市场、沙溪特色农产品交易市场、西地桥、北寨门、黑潓江堤坝、湿地公园 | 马坪关本主庙、马坪关智慧庵、马坪关戏台、马坪关文风桥、石龙观音庙、石龙关圣宫、石龙本主庙、石龙戏台、石龙龙王庙、石龙山神庙、对歌台、石龙歌舞广场、三大塘、龙尾潭、森林景观、田园景观、古井 |
| 一级旅游资源 | 白龙潭悬瀑、坝区丛树、月牙潭、北龙东寨门、山区林地 | 汉族本主庙加戏台、古镇入口雕塑、寺登村跌水 | 石宝山听松亭、石宝山揽溪亭 |

# 2.5　人口发展

## 2.5.1　镇域人口发展背景

沙溪镇共辖 14 个行政村，49 个自然村，76 个村民小组，截至 2016 年末，全镇共有 7807 户，户籍总人口 23893 人。居住有汉、白、彝、傈僳、纳西等民族，其中白族占总人口的 84%[13]。截至 2017 年末，沙溪镇户籍总人口增长到 24012 人。

从近年沙溪镇人口发展变化趋势来看，户籍人口虽然有所上升，但增长速度较为平稳，年均增长数量稳定在 150 人左右。镇域人口的增长数量对于作为旅游目的地的沙溪来说冲击并不大，不需要进行较大规模以居住聚集为主的建设来满足人口增长的需求，这也是沙溪镇能够保持较好生态环境和旅游环境的重要因素[14]。

### 2.5.2 镇区 2013—2017 年的人口规模

沙溪镇区范围内的现状人口由四个部分组成（表 2.3）。

表 2.3 沙溪镇 2013—2017 年人口变化统计表

| 年份 | 总户数 / 户 | 户数增长率 /% | 总人口 / 人 | 总人口增长率 /% |
| --- | --- | --- | --- | --- |
| 2013 | 7173 | — | 23352 | — |
| 2014 | 7734 | 7.82 | 23532 | 0.77 |
| 2015 | 7757 | 0.30 | 23739 | 0.88 |
| 2016 | 7752 | −0.06 | 23893 | 0.65 |
| 2017 | 7671 | −1.04 | 24012 | 0.49 |

来源：《剑川县沙溪古镇（特色小镇）发展总体规划》。

（1）第一部分为镇区范围内涉及的村镇行政单元（2013—2016 年）。包括寺登、东南、鳌凤 3 个行政村，含 4 个自然村的 10 个村民小组，[1]2016 年末的总人口为 7222 人，2017 年末的总人口为 7252 人（表 2.4）。

表 2.4 沙溪镇区范围内村庄人口现状统计表（2017 年末）

| 行政村 | 户数 / 户 | 劳动力 / 人 | 2016 年末人口 / 人 | 2017 年末人口 / 人 |
| --- | --- | --- | --- | --- |
| 寺登 | 1401 | 1296 | 2376 | 2401 |
| 东南 | 830 | 1319 | 2464 | 2476 |
| 鳌凤 | 703 | 1190 | 2382 | 2375 |
| 总计 | 2934 | 3805 | 7222 | 7252 |

来源：《剑川县沙溪古镇（特色小镇）发展总体规划》。

（2）第二部分为镇区沙溪中心完小和沙溪镇初级中学师生。据中

---

1　4 个自然村包括：寺登村、下科村、江乐禾村、中登村。10 个村民小组包括：寺登 1 组、2 组、3 组、4 组、5 组，下科 6 组、7 组，东南 3 组、鳌凤 3 组、4 组。

小学校统计数据与现场调研资料，目前沙溪镇域范围内唯一的中心完小和唯一的初级中学就位于特色小镇规划区内。由于坝区其他行政村有小学分布，因此完小在低年级服务寺登和东南行政村（已在以上户籍人口中统计），高年级阶段服务坝区（镇区外的户籍村镇人口），因此按照在校人口的50%计入。完小目前在校人数为635人，50%计入人数约318人。中学服务于整个沙溪镇域，因此按照在校人数的90%计入。中学在校人数为1275人，90%计入人数约1148人。这两项相加，可得总人数约1466人。

（3）第三部分为镇区外来常住人口。据沙溪镇派出所统计数据，在规划区范围内，外来常住人口为188人。

（4）第四部分为旅游驻留人口。根据沙溪2012—2016年的游客统计数据，2012年的游客总数为38.27万人次，此后逐年递增，2013年为52.85万人次，同比增长38.1%；2014年为89.27万人次，同比增长68.91%；2015年为94.03万人次，同比增长5.33%；2016年达到98.96万人次，同比增长5.24%。

结合计算公式：年旅游人次/365日×23%，表示日平均游客的23%会留宿在沙溪古镇。据旅游统计和多次现场调研资料梳理总结，在沙溪古镇留宿的旅游人口以日平均600人计入总数。

综上所述，沙溪镇区范围内，截至2017年底，现状人口规模基数为：7252人（村庄人口）+1466人（中小学人口）+188人（流动人口）+600人（日平均旅游留宿人口）=9506人。

### 2.5.3  2017年人口特征状况

（1）区域户籍人口变化稳定，对镇区人口发展影响较小。据统计，镇域人口总数变化情况稳定，虽有增长但增长速度平缓。虽然周边农村外出打工相较镇区内人数多，但外出打工目的地多以剑川县城、大理下关、昆明地区为主，对沙溪特色小镇镇区人口发展影响较小。

（2）镇区内村庄户籍人口以自然增长为主，增速缓慢。据统计，沙溪镇区范围内村庄人口的自然增长率约为0.3%，近年来的机械增长率约为0。同时，统计数据显示，镇区范围的4个自然村外出打工人员数量较少，比如，寺登村 2016 年外出打工的只有 12 人。大部分村民由于旅游业开展以来镇区经济发展较好，外出打工者的数量明显少于外围其他村庄。

（3）镇区中小学人数近期内应相对稳定，不会有较大变化。沙溪坝区较多行政村均设置有村内的独立小学，但只有镇区的中心小学是完全小学，高年级小学生一般都到镇区接受教育，因此也是面向坝区覆盖。完小近期不存在撤校并点或扩建的发展需要。沙溪镇初级中学为镇域内唯一的中学，面向镇域覆盖，在区域人口变化稳定的前提下，中学的规模可以满足发展需求。

（4）产业和建设发展现有条件下，外来常住人口趋于稳定。从目前的调研和得到的统计数据来看，外来常住人口多为商铺客栈的从业者，而且经过数年的发展，商铺客栈的数量稳中有升，在小镇无太多产业引入的情况下，外来从业者的数量增长也将趋于稳定，且增速趋于平缓。

（5）旅游驻留人口日平均值增长稳定，且变化不大。受交通改善和知名度扩展的影响，沙溪古镇的旅游发展经历了 2012 年和 2014 年的突变，但促成突变的时间点均为黄金周、暑假期间，其余时间较为平稳。经过 5 年的建设发展和旅游市场的调节，目前旅游人数的发展已趋于稳定，后期在旅游吸引物、交通设施、环境景观等没有较大变化的前提下，旅游人数的发展将趋于平稳。

# 2.6 产业经济

## 2.6.1 总体格局

沙溪镇传统经济发展模式主要是以农业、畜牧业为主的第一产业（如种植粮食作物）。随着经济的转型以及旅游业的发展，以加工制造业、房屋建造业为主的第二产业（如农副产品加工）以及以住宿和餐饮业为主的第三产业比重逐渐增加。第三产业主要集中在镇区范围内。

沙溪镇这些年坚持优化产业结构，经济实力不断提升。全镇总收入从 2005 年的 131 万元到 2013 年的 995 万元，再到 2016 年的 1520

万元，年均增长 13.1%；招商引资协议资金由 1 亿元增长到 2.5 亿元；农民纯收入由 2013 年的 4656 元增长到 2016 年的 7634 元，年均增长 17.92%；人民生活条件不断改善，消费水平不断提高，综合经济实力明显增强 [15-16]。

## 2.6.2　产业结构

### 1. 第一产业：高原特色农业健康发展

沙溪镇是典型的农业镇，农业以粮食和畜牧业为主，经济作物有油菜、地参、芸豆、百合、松茸等。2013—2016 年，粮食总产量由 1097 万公斤增长到 1416.8 万公斤，年均增长 5.83%。烤烟从 7690 亩扩种到 7940 亩，收购烟叶 2.25 万担，实现烟农收入 3860 万元和"两烟"税收 880 万元。畜牧业保持较快增长，生猪存栏 3.01 万头，出栏 4.64 万头；羊存栏 2.86 万只，出栏 1.31 万只；大牲畜存栏 2.22 万头，出栏 8746 头；家禽存栏 9.53 万只，出栏 9.05 万只，肉奶蛋总产值量达 1.12 万吨，畜牧业产值达 7666.44 万元，比上年增长 6.4%。泡核桃种植面积累计达 1218 公顷。通过调整产业结构，粮食作物与经济作物的比例由 60∶40 调整为 55∶45，结构更趋合理。

2016 年，全镇农业收入 10414 万元，其中种植业收入 9521 万元（出售种植业产品收入占 5658 万元），其他农业收入 893 万元；林业收入 449 万元（出售林业产品收入占 238 万元）；牧业收入 4774 万元（出售牧业产品收入占 3732 万元）；渔业收入 167 万元（出售渔业产品收入占 94 万元）[15]。

### 2. 第二产业：木雕、古建产业具有巨大潜力

沙溪第二产业以地参、蜂蜜等食品初加工，木雕生产制作，古建建设等为主。2016 年，全镇工业收入 1993 万元；建筑业收入 6431 万元。

### 3. 第三产业：以旅游业为主导的服务业稳步发展

沙溪第三产业主要为旅游服务业，包含特色民宿、酒店、集市、餐饮服务、文化休闲服务等。

旅游产业方面，2016 年全镇共接待国内外游客 98.96 万人次，实现旅游社会总收入 8.97 亿元。寺登村有 2/3 的群众从事或参与旅游业，该村农民人均可支配收入已达 8664 元。

2016 年，全镇运输业收入 2625 万元；商饮业收入 1662 万元；服务业收入 1082 万元；其他收入 254 万元[14]。

### 2.6.3 现状产业空间分布

从地理空间来看，沙溪的主要产业分布情况如下所述。

#### 1. 山区半山区

第一产业半山区以中药材、特色林果业为主；山区以马铃薯、野生食用菌、林下经济作物为主。第三产业以石宝山景区为核心的旅游业和石龙村白族特色乡村旅游业。

#### 2. 坝区

以第一产业为主，少量第三产业。第一产业以粮食作物和季差蔬菜种植为主。第三产业以观光旅游和乡村文化游为主。

#### 3. 镇区

以第三产业为主，第二产业为辅，少量第一产业。第一产业为镇区外围少量的传统农业；第二产业为以地参、蜂蜜等食品初加工为主；第三产业为以沙溪古镇景区旅游业为主，以交通运输业、通信业、零售等服务业为辅。

### 2.6.4 沙溪优势产业

#### 1. 木雕产业

剑川木雕产于大理剑川县，始于公元 10 世纪。2015 年全县实现木雕工业产值 2.83 亿元。剑川木雕中最具代表性的就是沙溪木雕。

沙溪具有独一无二的古建筑工艺。沙溪木雕艺术蜚声海内外，古今享有盛名，现已形成三大系列产品：一是古建筑或民居建筑大木作；

二是木构件（门、窗、家具等）；三是精雕工艺品（包括旅游小件）。其中，沙溪木雕区别于其他地区木雕的一大特色就是大木作。目前沙溪有一家古建筑公司（云南大理州剑川古建筑公司）专门承建风景名胜区的寺庙、魁阁、牌坊、戏台以及民居建筑。其建筑作品遍布全国，在北京、武汉、贵州等地都有佳作，如北京民族园、云南民族村、世博园等知名古建。2008年走出国门，与新西兰有关机构进行古建技艺的交流合作（图2.37、图2.38）。

图 2.37　沙溪古建筑公司　　　　　图 2.38　木雕销售

　　沙溪镇古建筑产业涉及户数2168户，共3977人，木匠人数之多，匠师技艺之高，均为云南之冠。剑川沙溪木匠遍及全国各地，云南省内许多著名的木雕和建筑，如昆明的金马碧鸡坊、保山的飞来寺、洱海的八角亭及鸡足山寺庙的木工部分，北京、西安皇家园林建筑，昆明、大理、丽江、建水著名古建筑，皆出自剑川沙溪木雕艺人之手。

## 2. 休闲旅游产业

　　沙溪是剑川县核心旅游景区，是云南省民族文化传承基地、独特的民族文化品牌和特色的旅游名片，以其秀美的湖光山色、优美的田园风光和温润的自然气候成为养老养生的美好家园；以其保存完好的古村落、宁静古朴的氛围成为展示美丽云南的一个重要窗口。

　　沙溪自2001年入选世界濒危建筑遗产名录后，在国内外的知名度迅速提高，后陆续获得国内外多项荣誉，知名度和美誉度的不断提升带动了旅游业的发展。

2001 年，寺登村出现了第一个家庭客栈——古道客栈，寺登村的游客量为 1500 人，其中，国外游客 125 人次。2002—2004 年，寺登村处于古建保护和维修时期，当地旅游部门尚未正式对外营销。

2005 年，沙溪寺登村申报全国农业旅游示范点，游客量为 1.5 万人次，实现旅游总收入 1.8 万元，有餐馆 16 家、客栈 7 家、农家乐休闲山庄 5 家；2006 年，寺登村的游客量为 2 万人次左右，寺登村建了一个游客中心，但由于各种因素，入不敷出，运营半年就停了。2007 年，全村共有 13 家客栈，100 多个床位，档次不一，2~3 家农家乐。在四方街周边，有外地人到此开设酒吧、茶室和客栈等，本地人开设商铺。2010 年共接待海内外游客 5.2 万人次，其中海外游客 6000 人次，旅游总收入 800 万元，共引进 4 家外地客商入驻寺登街投资开发。

2012 年，大理大力推进特色旅游客栈发展，大理旅发委将沙溪客栈作为全州旅游客栈标准化的一个试点，通过对沙溪客栈的等级评定，建立起沙溪客栈自我规范发展、自我管理约束的良好机制，从而提升沙溪客栈的品牌价值。至 2013 年 7 月，寺登村共有 32 家客栈，本地人开客栈的约占 1/3。

截至 2017 年初，沙溪镇已投入经营的客栈共 97 家（主要在沙溪镇区），共计 1882 个床位，其中约 50% 以上的客栈附带经营餐饮业，形成吃住一条龙服务，已有大理兰林阁有限公司、老马店等 358 家各类文旅企业和商家入驻沙溪镇，有效带动了全镇经济社会发展。工商注册的旅游特色客栈、餐馆达 358 家，特色旅游产品商店 68 家，根据实地调研统计，镇区有 246 家店铺营业，其中旅游业态类（餐饮、客栈、特色旅游产品商店、骑行等旅游体验）有 176 家，非旅游业态 68 家。旅游人数从 2012 年的 38.27 万人次增加到 2016 年的 98.96 万人次，年增长率 26.8%，旅游总收入从 2012 年的 3.69 亿元增加到 2016 年的 8.97 亿元，年增长率 24.9%。2017 年沙溪入选云南省创建全国一流的特色小镇名单，沙溪镇区游客量为 108.9 万人次，旅游社会总收入为 13.1 亿元。剑川沙溪镇寺登村欧阳灿等 30 人荣获"中国乡村旅游致富带头人"称号[15]（表 2.5）。

表2.5　2012—2016年沙溪古镇游客统计表

| 年份 | 游客总数 / 万人次 | 年增长率 /% | 社会总收入 / 亿元 | 年增长率 /% |
|------|------|------|------|------|
| 2012 | 38.27 | 259.68 | 3.69 | 70.04 |
| 2013 | 52.85 | 38.10 | 4.82 | 30.69 |
| 2014 | 89.27 | 68.91 | 7.04 | 46.15 |
| 2015 | 94.03 | 5.33 | 8.40 | 19.24 |
| 2016 | 98.96 | 5.24 | 8.97 | 6.80 |
| 2017 | 108.9 | 10.04 | 13.10 | 46.04 |

数据来源：剑川县旅发委统计数据。

## 3. 高原特色农业

剑川生态环境优越、物种资源丰富、区位优势明显，是云南省典型的高原特色农业生产区。复杂的地形地貌、丰富的农业资源，造就了剑川县域丰富多样的特色农产品。剑川县 2013 年被省政府命名为"第一批现代农业园"；2015 年被省科技厅授予"云南省优质种业基地"称号；2014 年"云药之乡"通过省级认定批复；2014 年成功创建并验收为云南省第七个、大理白族自治州第二个出口食品农产品质量安全示范区；2016 年申报创建省级生态文明示范县，实施无公害农产品整县推进工作，无公害农产品产地认定面积 3000 公顷。近年来，剑川县着力夯实高原粮仓，大力培植九大特色产业，农业特色优势产业已初具规模，为农业现代化发展奠定了坚实基础。

沙溪镇被誉为剑川县的"鱼米之乡"，物产丰富。常规种植的有水稻、玉米、马铃薯、大麦、小麦、蚕豆、大豆、反季蔬菜、烤烟、油菜；畜牧业以生猪、肉牛羊和奶牛养殖为主；具有地方特色的有中药材、白芸豆、杂豆、地参、苦荞、蚕豆、夏萝卜、赤骨羊、青花鸡、本地黑猪。基本形成了马铃薯、生物药业、芸豆、野生食用菌、山地牧业、季差蔬菜、特色水果、制种产业、特色花卉九大高原特色农业产业。

由于气候条件适宜，沙溪民居院落中历来就有种植茶花、牡丹花的传统，不仅美化了庭院环境，而且寓意富贵吉祥。云南栽培山茶已有 500 多年的历史了，早在明代就有"云南山茶甲天下"的说法，现今山茶的品种已达 100 多种。山茶花是大理的州花。大理州委、州政府高度重视茶花产业发展，每年都安排专项资金引导产业发展。目前大理茶花种植遍布 8 个县（市），种植户达 1 万多户。牡丹花品种繁多，色泽丰富，以黄、绿、肉红、深红、银红为上品，尤以黄、绿为贵。牡丹花枝可供切花，根皮入药，有活血、镇痛之功效。大理把以茶花、兰花、杜鹃为主的特色花卉产业作为十大重点优势产业之一，用科技手段开展茶花资源的保护与茶花产业化开发，茶花已成为大理发展中的新兴经济产业[17]。

沙溪镇坝区以种植粮食作物和季差蔬菜为主，以种植牡丹花为特色；半山区以种植中药材、特色林果业为主，以种植山茶花为特色；山区以种植马铃薯、野生食用菌、林下经济作物为主，以种植山茶花为特色（图 2.39）。

图 2.39　地参种植与产品（来源：剑川县人民政府网）

### 4. 文化创意产业

基于以上特色产业，沙溪具有多元的文化创意产业基础和创客资源。沙溪镇具有古色古香的历史基底，安静淳朴的古镇氛围，丰富多彩的民宿文化，当地的木雕、黑陶、民族服饰、竹编等特色突出。这些元素使得当地已经产生了文化创意的特色产品，通过引导具有打造高端文创产品的潜能。

以古建工艺为代表的传统文化创意产业初具规模，新的文化创意产业正在植入。沙溪特色鲜明的民居建筑代表了其传统的文化创意产业，并产生了一批批建筑工匠。未来沙溪的农特产品开发等也都离不开文化创意（如产品外观设计等）。当前到沙溪旅游的游客多为对传统建筑文化、地方文化创意、田园风光感兴趣的游客，形成了对文化创意感兴趣的游客群。

2013 年以来，中央美术学院针对剑川县人才培养开展"走出去""请进来"的艺术教育帮扶，先后有 47 名剑川艺术人才到中央美术学院进修，中央美术学院 10 名教授先后来到剑川县开展艺术教育培训，举办"剑川传统工艺大讲堂"9 期，受益者有 800 多人。非遗进校园、进社区活动广泛开展。2017 年，中央美术学院驻云南大理剑川传统工艺工作站正式成立。该机构的设置主要开展传统工艺实训、研习、研究及生产性保护和传承工作，并于 2018 年 7 月在沙溪古镇举办了"云南省省级非物质文化遗产项目白族阿吒力民俗音乐进社区展演活动"，对提升传统艺术影响力，增加文化旅游宣传具有重要意义。

2020 年 8 月初，中国美术家协会主席、中央美术学院党委副书记、院长范迪安带队到剑川县开展对口帮扶调研的实践锻炼活动。在活动中，范迪安提出，要继续深化中央美术学院对剑川的帮扶工作，精准抓住发力点，进一步结合剑川所需和中央美术学院所能开展各项帮扶工作。要做好文旅规划，充分挖掘茶马古道重要价值，借助南博会等平台将传统文化资源变成推动文旅发展的资源。要继续提升剑川传统工艺，抓住木雕、白族服饰、黑陶等重点，做好传统特色产业的现代性转换和发展。中央美术学院各院系、各专业要继续把对剑川的帮扶摆在重要议事日程，发挥多专业、多学科的能动性，帮助剑川加强人才培养，特别是通过美育理念加强对剑川中小学生、民间艺人的美育培养（图 2.40）。

图 2.40　2018 年传统工艺工作站举行迎新春仪式
（来源：剑川县人民政府网 http://www.jianchuan.gov.cn）

同时，沙溪还与同济大学、四川美术学院、清华大学、昆明理工大学合作，将高校资源作为智库引入地方文化建设，让高等教育与传统手工艺相结合，开展对外宣传和文化展示等活动。通过有关教育培训产业的发展，多元的文化创意可以得到持续发展。沙溪安静淳朴的古镇氛围成为创客进行创作的天堂（图2.41、图2.42）。

图 2.41　昆明理工大学师生在沙溪实习（来源：王连摄）

图 2.42　高校学生写生（来源：黄成敏摄）

2003年以来，沙溪的保护发展实践都与文化创意有直接或间接的关系，从中瑞合作复兴工程到当前特色小镇规划都与文化创意有关。沙溪白族书局是先锋书店致力于打造的第五家乡村书店。从 2014 年开始，先锋书店选择远离闹市和景点的乡村，先后开设了安徽黟县碧山书局、浙江桐庐县云夕图书馆、浙江松阳县陈家铺平民书局和福建屏南县厦地水田书店。这些乡村书店的选址看似是犄角旮旯，实则是有深厚历史积淀的文化古村。先锋书店创始人钱小华说："乡村最需要的就是一个公共秩序和公共空间的重建。我们觉得要把书店开到乡村去，希望能寻找和发掘新的美、新的价值。"先锋书店想通过乡村书店项目，实现"燃亮乡村阅读之灯"的愿景，实现乡村文化复兴。

沙溪白族书局由瑞士沙溪复兴工程项目主管黄印武利用坝区中黑潓江东岸北龙村一个闲置已久的粮仓改造设计而成，2020 年 8 月正式对外营业。书局在对当地传统民居进行保护的基础上适当改造，坚持修旧如旧、低碳环保、废物利用。按照先锋书店一直以来的经营理念，将书籍零售与文化创意产品开发、艺术创作共享、提供乡村休闲服务、提供社会公共空间等领域相结合，实现实体书店的多元化发展。现在，乡村里的儿童经常来此写作业，当地村民来此阅读，外地游客来此拍照、停留，书局已经成为乡村的一个重要文化交流空间（图 2.43）。

(a) 改造前的立面外观

（b）改造前的内部结构

（c）改造后的立面外观
（来源：独立先锋）

（d）改造后的内部结构
（来源：独立先锋）

图 2.43 沙溪先锋书店改造前后对比图

## 参考文献

[1] 杨惠铭.沙溪寺登街：茶马古道唯一幸存的古集市 [M].昆明：云南民族出版社，2002.

[2] 黄印武.基于文化遗产保护地沙溪实践 [J].广西城镇建设，2018（8）：34-43.

[3] 剑川县人民政府.云南省剑川县地名志 [Z].

[4] 剑川县志编纂委员会.剑川县志 [M].昆明：云南民族出版社，1999.

[5] 中国人民政治协商会议云南省剑川县委员会文史资料委员会.剑川文史资料选编：第八辑 [Z].2006.

[6] 木霁弘.陈保亚.滇藏川大三角探秘 [M].昆明：云南大学出版社，1992.

[7] 班固.汉书·地理志 [M].北京：中华书局，1962.

[8] 龙云.卢汉.（民国）新纂云南通志·盐务考 [M].铅印本，民国38年（1949年）.

[9] 李龙春.正续云南备征志精选点校 [M].昆明：云南民族出版社，2000.

[10] 潘鲁生，邱运华.中国名镇·云南沙溪 [M].北京：知识产权出版社，2017.

[11] 王世贵，何基盛，等.云南大理文史资料选辑：地方志之八·康熙剑川州志 [M].大理：大理白族自治州文化局，1986.

[12] 中华人民共和国国家质量监督检验检疫总局.旅游资源分类、调查与评价：GB/T 18972—2003[S].北京：中国标准出版社，2003.

[13] 剑川县统计局.剑川县统计年鉴 [Z].2016.

[14] 上海同济规划设计研究院，昆明理工大学设计研究院.剑川县沙溪古镇（特色小镇）发展总体规划（2017—2020），研究专题三：人口聚集研究专题 [Z].

[15] 上海同济规划设计研究院，昆明理工大学设计研究院.剑川县沙溪古镇（特色小镇）发展总体规划（2017—2020），研究专题一：产业发展研究专题 [Z].

[16] 沙溪镇人民政府.剑川县沙溪镇政府 2017 年度工作报告 [R].

[17] 杜云仙，李欣，王兆美.大理茶花资源保护开发并重 [J].中国花卉园艺.2016（3）：19-21.

# 3　沙溪古镇的空间形态演变

## 3.1　沙溪镇镇区整体空间形态

2001 年之前，作为镇政府驻地的寺登村与北边的下科村、南边的鳌凤村、东南村的江乐禾村相距较远，田村相间的空间肌理特征明显。建设规模最大的是以寺登街为核心的古镇区，从四方街向外辐射，呈现出由密到疏的布局，南寨门以南及 084 县道周边的建设都较稀疏。其他村落的建设规模都相对较小，周边被大片农田包围，呈现出良好的乡村人居环境（图 3.1、彩图 1.2）。

图 3.1　2001 年沙溪镇镇区卫星图

　　至 2017 年，沙溪镇镇区的空间格局发生了较大变化，呈现出集聚发展的特征。沙溪镇区的整体格局沿交通线南北延伸，呈带状发展。北部的新建民居不断侵占农田向外扩展，使得古镇区逐渐与下科村相连；西南部沿 084 县道新增了大量公共管理与公共服务用地和商业服务设施用地，主要用于建设学校、政府办公楼等公共建筑和农贸市场，其空间形态逐渐与鳌凤村相连；东部靠近黑潓江增加了园林绿化和公共广场空间，丰富了当地居民的社会文化生活。与居民生活相关的用地集中布置于镇政府附近及 084 县道南部，与旅游相关的用地集中布置于古镇区（图 3.2~ 图 3.4）。

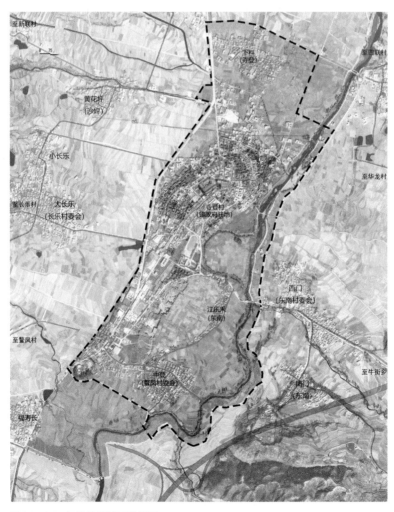

图 3.2　2017 年沙溪镇镇区卫星图

图 3.3　沙溪镇区中部航拍图　　　　　　图 3.4　沙溪镇区南部片区航拍图

## 3.2　整体空间形态演变

整体空间演变主要表现在新增标志性节点和地块性质改变两个方面。

在标志性节点方面，除了对原有节点的维护和加固外，主要是在沙溪镇北侧复线路与平甸公路交叉口处新建了茶马古道雕塑广场，在核心区东寨门外的黑潓江边新建音乐广场，在核心区西北侧新建生态停车场，在南侧鳌凤村新建茶马古道体验中心（博物馆），在东北侧本主庙对面的黑潓江旁新增健康设施场地，服务本地居民（图 3.5、图 3.6）。

图 3.5　入口茶马古道雕塑　　　　　　图 3.6　黑潓江音乐广场

2001 年以前，寺登村还是一个被田地包围的处于缓坡上的传统村落。2001—2005 年，随着沙溪寺登街古集市复兴工程的展开，村落西部的四方街及周边建筑被恢复性修复，四方街周边区域基本恢复到未被破坏前的状态，还原了本来的面目。村落东部和南部区域利用村落中不同地段的空闲用地，在不破坏沿街界面的前提下新建了果蔬市场（2001 年）、农贸市场（2004 年）、客运站与生态停车场（2004 年）、南方电网办公楼等，新建项目对村落整体形态影响较小。

2006—2009 年，新增公共设施主要有生态停车场旁的旅游中心、镇政府新办公楼、寺登村委会（2009 年）、中心学校教办、粮食市场、派出所、司法所、兽医站、计生站、文化站、水管站等；镇区西侧的复线路修通（2009 年），货运车辆从该路通行不再进入村内。镇区南侧鳌凤村公路与复线路岔口旁新建了 0.4 公顷的车记地参厂，镇区北侧农田内部到河道沿岸的道路逐渐被打通，沙溪镇镇区空间形态发生变化，村民新建房增多，沙溪镇开始出现往北和往南延伸发展的趋势。

2010—2013 年，在原小学派出所用地及南侧空地上新建了 0.9 公顷的兰林阁酒店，村内的一些老民房改建为民宿客栈，进出镇区的复线路两侧及南北部村口有一些新建房，村落内及周边一些零散土地上也逐渐新建了民房，村内空地逐渐减少。村落建设向南部鳌凤村方向发展，供销社（2012 年）、镇公租房（2013 年）、变电站、市场监管所、农资配送中心等公共建筑沿平甸公路向南拓展，小学搬迁至寺登村与鳌凤村之间，出现了私立幼儿园，镇区开始与鳌凤村连成一体；镇区东寨门外围一侧至黑潓江之间约 2.5 公顷的田地和河滩经规划设计引入小河道，改造成音乐休闲广场、健身广场和湿地公园（2012年），成为当地村民新的休闲娱乐场所。

2014—2017 年，村落外围许多新房建于村民的自留地中，呈现"分散式外延"扩展。北部寺登村与下科村之间新建较明显，在 16.5 公顷自留地上有 90 余户新建民居；东部的零散新建未突破黑潓江边界；西部的平甸复线路东侧与老镇区之间有一些新建民居，但未突破复线路边界；南部在鳌凤村外围也有一些新建民房。兰林阁酒店建成投入运营，其二期酒店在镇区中东部的中学旁开始建设。在镇区中部平甸公路两侧新建了特色产品交易市场、新客运站等，镇区南部结合鳌凤村城隍庙，新建及改建了 1.3 公顷的茶马古道博物馆和研学中心。这一阶段，沙溪旅游快速发展，沙溪镇整体空间形态变化明显，呈现南北向快速扩张的趋势，逐渐形成"连片轴向式拓展"的形态，寺登村与鳌凤村、东南村、江乐禾村通过建设区、保护地、道路等连接为一体。

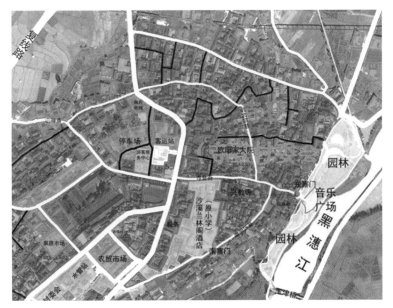

图 3.7　沙溪镇区东部扩展图

2005—2017 年间，沙溪镇逐渐成为一个大部分公建设施、市政设施在中部与南部，北部核心区内民房与客栈密布，沿河岸和道路南北向轴向发展变化的带状旅游小镇。沙溪镇镇区建设用地从 71.71 公顷（含当时的下科村、中登村、江乐禾村的建成区面积 22.84 公顷）拓展至 123.17 公顷（包括周边连接的下科村、中登村、江乐禾村），其中新增的面积为 51.46 公顷（含下科村、中登村、江乐禾村）（彩图 3.1、图 3.7、图 3.8）。

图 3.8　沙溪镇区东部航拍图

### 3.2.1　整体空间扩展规模与速度

通过扩展强度指数分析，客观描述沙溪镇镇区建设用地扩展状态，从而比较不同时期沙溪镇扩张的强弱、快慢和趋势。

扩展强度指数的表达式为：$I=\dfrac{U_b-U_a}{U_a}\times\dfrac{1}{T}\times100$

式中，$I$ 表示城镇扩展强度指数，$U_a$ 和 $U_b$ 分别表示 a、b 时期建设用地总面积，$T$ 表示 a 到 b 时段的时间跨度[1]。

分析沙溪镇镇区 2001—2017 年建设用地变化面积的测量数据，可得到沙溪镇镇区建设用地扩展变化幅度表（表 3.1）[2]。

表 3.1　沙溪镇镇区建设用地扩展变化幅度表

| 时间 | 建设用地面积 / 公顷 | 时间段 | 增加面积 / 公顷 | 增长幅度 /% |
|---|---|---|---|---|
| 2001 年 | 61.24 | — | — | — |
| 2005 年 | 64.91 | 2002—2005 | 3.67 | 5.99 |
| 2009 年 | 70.55 | 2006—2009 | 5.64 | 8.69 |
| 2013 年 | 82.92 | 2010—2013 | 12.37 | 17.53 |
| 2017 年 | 93.1 | 2014—2017 | 10.18 | 12.37 |

来源：朱骅允绘

根据空间扩展变化幅度公式对沙溪镇镇区 2001—2017 年建设用地变化面积的测量数据进行统计分析，得到沙溪镇镇区建设用地扩展强度表（表 3.2）。

表 3.2　沙溪镇镇区建设用地面积变化与空间扩展强度类型[1]

| 时间 | 建设用地面积 / 公顷 | 时间段 | 增加面积 / 公顷 | 年增加面积 / 公顷 | 扩展强度 | 扩展类型 |
|---|---|---|---|---|---|---|
| 2001 年 | 61.24 | — | — | — | — | |
| 2005 年 | 64.91 | 2002—2005 | 3.67 | 0.92 | 1.49 | 低速扩展 |
| 2009 年 | 70.55 | 2006—2009 | 5.64 | 1.41 | 2.17 | 中速扩展 |
| 2013 年 | 82.92 | 2010—2013 | 12.37 | 3.09 | 4.38 | 快速扩展 |
| 2017 年 | 93.1 | 2014—2017 | 10.18 | 2.55 | 3.07 | 快速扩展 |

来源：朱骅允绘

综合考虑沙溪镇镇区建设用地面积的空间扩展幅度、扩展强度指数和波动变动的周期，可以将沙溪镇镇区空间扩展分为三个阶段。

---

1　镇区建设用地不包括鳌凤山古墓群，以及南北部范围内的农田区域。

（1）2002—2005 年，低速扩展期。2002—2005 年，沙溪镇镇区建设用地增加了 3.67 公顷，年均增长面积仅 0.92 公顷，增长幅度 5.99%，扩展强度指数为 1.49。此时沙溪的旅游产业正处于起步阶段，旅游资源并未进行大规模的开发，小城镇旅游职能并不突出，整体的土地利用呈低速蔓延的状态。

（2）2006—2009 年，中速扩展期。2006—2007 年，建设用地面积增加了 5.64 公顷，年平均增长面积 1.41 公顷，增长幅度 8.69%，扩展强度指数 2.17。旅游处于初期发展阶段，镇区开始更新建设，各类建设对已有城镇空间布局影响较小，村镇的空间发展变化也不明显，整体的土地利用呈中速发展的状态。

（3）2010—2017 年，快速扩展期。2010—2013 年，沙溪镇镇区建设用地增加了 12.37 公顷，年均增长面积达 3.09 公顷，扩展强度指数为 4.38，增长幅度超过 10%，接近 20%，达到 17.53%，各项扩展指标均达到了十几年来的最大值。2014—2017 年，建设用地面积增加了 10.18 公顷，年平均增长面积 2.55 公顷，扩展强度指数 3.07，增长幅度为 12.27%。受交通、投资、建房需求的影响，旅游产业发展初见成效，处于中期发展阶段，镇区则处于快速发展阶段，建设区域大幅度向外扩张。

## 3.2.2 整体空间扩展的特征

2001 年，沙溪经济发展落后，土地利用分散，除以寺登街为中心聚集发展之外，其他地区都呈零散分布状态（图 3.9）。随着沙溪旅游与城镇建设的发展，各区域内部闲置用地逐渐不能满足空间扩展的需求，村镇建设需求不断向外围扩展[3]，其方式主要有四种。

### 1. 内部填充完善

2002—2005 年，镇区空间拓展方式表现为内部填充。这一时期沙溪经济发展相对落后，且旅游产业正处于起步阶段，村镇内部的闲置地较多。为了满足空间发展的需求，村民选择在自家附近择地建房或改扩建，村镇的各项设施建设也优先选择村镇内部的闲置用地，此后内部空间逐渐被填满（图 3.10）。

图 3.9　2001 年沙溪镇建设用地分析图（来源：朱骅允绘）

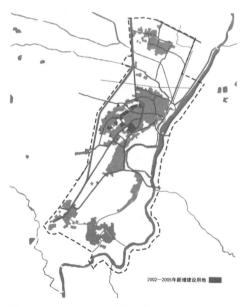

2002—2005年新增建设用地

图 3.10　2002—2005 年沙溪新增建设用地分析图（来源：朱骅允绘）

## 2. 轴向延伸发展

　　"轴向式拓展"是村镇空间拓展以交通线或者河流为轴线带状拓展的方式。随着村镇内部的土地建设逐渐饱和，空间拓展开始向老镇区南部的新区拓展，客运站、地参厂、两个农贸市场、中小学、相关政府单位等各类设施沿道路线性布局建设，镇区的空间拓展沿 084 县道轴向带状发展（图 3.11）。

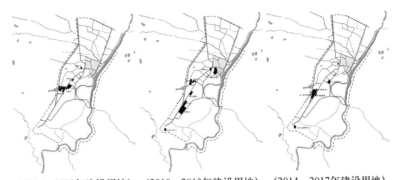

（2006—2009年建设用地）　（2010—2013年建设用地）　（2014—2017年建设用地）

图 3.11　新增建设用地拓展图（来源：朱骅允绘）

### 3. 由密到疏扩展

2010—2017 年，镇区北部（寺登村）出现很多新建民居，其布局形成由密到疏的扩散趋势，不断接近北侧下科村。这一时期沙溪进入旅游快速发展阶段，为了积极融入旅游经济，当地民居急需增加建设用地，于是不断突破农耕界限向北扩展。由于缺乏统一规划与管控，造成这一片区空间盲目扩张，土地利用效率低下，田园风貌破坏严重，建筑形式杂乱，整体无序发展的局面（图 3.12）。

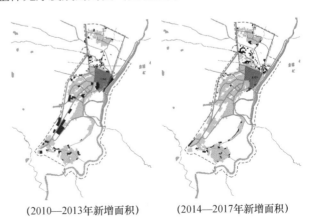

（2010—2013年新增面积）　　（2014—2017年新增面积）

图 3.12　新增建设用地拓展图（来源：朱骅允绘）

#### 4. 沿道路两侧补充

2010—2017 年，镇区南部至城隍庙、中登村一带发展建设缓慢，主要是沿道路两侧的补充式发展，使得原来零星分散的空间布局逐渐趋于完整。但南部区域的整体建设密度仍低于中部和北部，增加的类型为居住用地，是为了适应村落人口增长而不断完善的空间形态。农田肌理完整，保留了田村相间的村落文化景观。

### 3.2.3　整体空间扩展的方向

自然环境影响城镇空间拓展的方向、速度和方式。特殊的地形地貌条件可能成为空间拓展的"门槛"，村镇建设要跨越"门槛"，必须付出一定代价，因此在经济水平有限时，城镇空间拓展总是朝着阻力小的方向推进。

沙溪镇区的东部紧邻黑潓江，西部受复线路和农用地的阻隔，最终导致镇区东西向发展受限，只能往南北向顺着原 084 县道延伸发展。

## 3.3　街巷空间演变

### 3.3.1　路网系统

2001 年，沙溪镇区的道路网架构已经初步形成，主要由纵贯南北的原 084 县道、镇区内部道路和外围的通村道路组成。

道路结构的变化主要以 2010 年复线路的建成为转折点。2010 年以前，镇区道路变化较小且缓慢，修路主要是为了方便村民灌溉农田和公共建筑道路设施配套。2002—2009 年，镇区北侧、东侧农田内部到河道沿岸的道路逐渐被打通。同时，随着农贸市场、村委会的建设，其两侧通村外的街巷也随之建成。2010 年，镇区西面外围修建了一条复线路，有效地分流了过境车辆和货运车流，减少了对镇区居民生活的干扰。

2010—2013 年，镇区的东侧沿黑潓江河道西侧南北各建设了两条滨河道路。2014—2017 年，复线路与黑潓江之间的沿河道路被打通，使镇区北侧多出了一条东西联系的道路。另外，黑潓江两岸 8.5

千米长的河堤被硬化，镇区东南部河堤旁至中登村南边新建了一条连接平甸公路（原084县道）与黑潓江的道路。镇区内部道路系统进一步完善，打通了支路和断头路，道路通达性进一步增强（图3.13）。

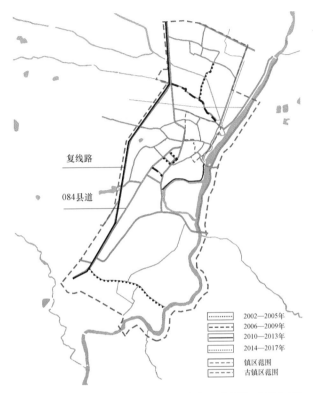

图 3.13　道路网演变图（来源：朱骅允绘）

随着镇区建设范围的扩展，道路系统也不断延伸完善。原084县道成为镇区内部的一条服务居民生活和游客游览的道路，起到了聚合资源的作用，加强了镇区旅游的功能。同时，为满足各类公共服务设施集散的功能，镇区南部的道路系统普遍宽阔平直，与寺登村内部蜿蜒曲折、尺度狭窄的传统街巷形成鲜明对比。

### 3.3.2　比例尺度

寺登村的街巷空间是沙溪古镇最核心的空间，当地人称之为"街子巷"，意思是寺登历史上的第一笔生意是在巷道成交的。其街巷与双廊和喜洲的街巷相比，更加自由，不规则，街巷时窄时宽，时而蜿蜒曲折，时而笔直通畅，没有拘束，建筑紧挨着街巷边界，沿街建筑决定了街巷的形态，街巷就像被建筑挤出来的。道路的转折和拐弯不仅形成了步移景异的街道景观，更重要的是视线的阻挡和对未知道路的不确定性，激发了人们向前探索的无限兴趣，同时也减慢了行进速度，减少和避免了相互碰撞的可能。

街巷大致分为三种类型：主街巷（如寺登街东西向街巷）；次街巷（如南、北古宗巷）；串联主、次街巷的支巷（图 3.14、表 3.3）。2004 年以来，核心区街巷管线改造入地，增加了地方特色的路灯，南古宗巷和北古宗巷增加了绿化景观。2011 年北古宗巷和寺登街修建了景观水系；在寺登街入口处（古寺登街与 084 县道交接处）修建了台阶，防止车辆进入核心区（小型消防车可从其他次街巷进入核心区）。

图 3.14　沙溪街巷空间尺度分析（来源：夏静绘）

表 3.3 沙溪镇区街巷空间现状整理表 [4]

| 比较内容 | 主街巷 | 次街巷（南、北古宗巷） | 支巷 |
|---|---|---|---|
| 街巷宽度 | 6~9m | 3~5m | 1.5~4.5m |
| 沿街建筑高度 | 6~8m | | |
| 街巷高宽比 | D/H > 1 | D/H < 0.5 | D/H < 0.5 |
| 主要活动人群 | 游客、居民 | 游客、居民 | 居民 |
| 街巷功能 | 旅游服务性 | 旅游服务性 | 生活性 |
| 特色空间类型 | 特色空间 | 特色空间 | 一般特色空间 |
| 街巷色彩 | 以暖色调为主，给游客一种自然、温馨的感觉 | | |
| 街巷铺装 | 以红砂石板铺地为主 | 以红砂石和红砂石板铺地的结合形式为主 | |
| 沿街建筑形式 | 建筑墙体以夯土墙和土坯砖墙为主，平面组成以院落为主，出檐深远 | | |
| 绿化景观 | 带状绿化和蜿蜒的水渠 | 以盆栽和点状绿化景观为主 | |

来源：夏静绘。

主街巷的尺度最为宽阔，宽 6~9 米，两侧是前店后宅或下店上宅的临街商铺，高两层，6~8 米，街巷宽高比大于 1，产生远距离的宽阔之感，街巷空间界面的围合感、延续性较弱，远处的坡顶与背景的轮廓关系清晰可见。为了减小街巷尺度过大造成的空间离散感，在道路两侧种了行道树，形成了良好的遮阴带，并在一侧引入了水渠景观，边界曲折蜿蜒，增加了街巷空间的丰富性和趣味性。建筑风格呈现出大理白族民居和丽江纳西族民居的过渡形态，建筑以夯土墙和土坯砖为主，不像传统白族民居加入青砖但是仍保留了白族民居的院落形式，同时也体现了丽江纳西族民居的特色，很多建筑都有较深的挑檐，既形成了建筑与街巷的过渡空间，又能适应当地日照较强的特点。

次街巷的尺度较窄，宽 3~5 米，两侧依然是两层楼高的临街商铺，街巷宽高比小于 0.5，道路沿街界面连续而完整，有强烈的内聚和收缩之感。由于街巷蜿蜒曲折、层次丰富，临街商铺建筑为适应商业功能的需求，大多对一层空间进行了改造，开敞的门面和大厅增加了建筑的通透感，个性化的招牌装饰和盆栽点缀成为吸引人的亮点，原本狭窄的街巷多了一份亲切宜人和个性特色，对游客的吸引力较强。

联系主街和次街的支巷最为狭窄，宽度仅为 1.5~3 米，街巷宽高比小于 0.5，属于生活型巷道。街巷两侧的建筑大都是民居院落的围墙或山墙，封闭单一，特色不鲜明，少有游客穿越或停留（图 3.15）。

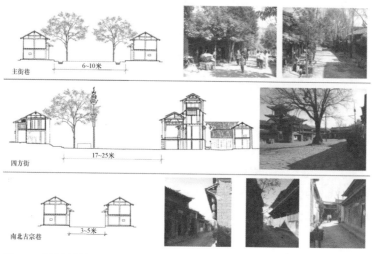

图 3.15　街巷比例关系图

### 3.3.3　街巷节点

　　道路交叉口平面造型的多样化，进一步丰富了街巷的空间场所感受，这些看似随机而不经意的空间，其实隐含了深厚的生活哲学和文化理念，是深思熟虑、精心设计的结果。例如，要避免道路直接对着建筑，还要避免建筑周围有正交的十字形路口，因此街巷路口多以错位的丁字形、十字形或风车形的道路交叉口为主（图 3.16、图 3.17）。

图 3.16　沙溪街巷节点示意图

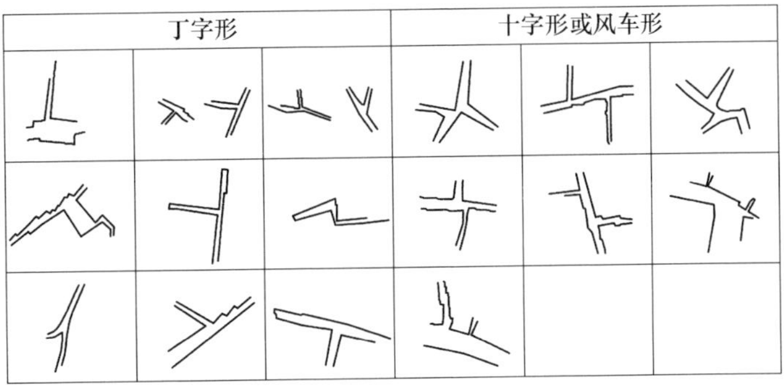

| 丁字形 | | | 十字形或风车形 | | |
|---|---|---|---|---|---|
| | | | | | |
| | | | | | |
| | | | | | |

图 3.17 沙溪交叉路口类型统计图

寺登村曾经是以商贸经济为主的传统聚落，除了主街、次街之外，联系主、次街巷的部分支巷也要满足运输马帮往来穿梭的需求，所以街巷道路的交叉口无一例外地都有错位与非正交的特点。这些交叉口的错位与转折，为双向汇集的人流预留了缓冲空间和心理准备时间，减少了不必要的碰撞和摩擦。与此同时，建筑灵活随意的平面布局，丰富多变的立面造型与各式各样的道路交叉口相结合，产生了强烈的场所感和可识别性，使得各街巷节点性格鲜明、各具特色。

### 3.3.4 细部景观

沙溪街巷道路的变化还体现在沿街铺面的外立面和一些街道的细部、铺地等方面。

街巷的铺地形式发生了变化，由原来的鹅卵石铺地、泥地变成了现在的条形青砖和鹅卵石铺地；恢复建设了南寨门，修复了东寨门；修复、粉刷了沿街建筑的立面（图 3.18、图 3.19）；修复了沿街重要公共建筑古戏台、兴教寺等；北古宗巷和寺登街上于 2011 年修建了景观水系，并在道路两侧种植了行道树，增加了道路景观元素，丰富了空间层次；为营建良好的步行环境，寺登街入口处修建了台阶（图 3.20、图 3.21），防止车辆进入寺登街，但消防车也很难进入村内，现寺登街及村内的消防主要依靠小抽水机抽水救火这是亟待解决的问题；街道绿化得到有效改善，道路两旁种植行道树，每到夏日，绿树成荫（图 3.22、图 3.23）[5]。

图 3.18　2004 年南寨门及道路

图 3.19　2013 年南寨门及道路

图 3.20　2004 年寺登街入口

图 3.21　2013 年寺登街入口
（来源：金红娜摄）

图 3.22　2004 年沙溪镇街道

图 3.23　2013 年沙溪镇街道
（来源：金红娜摄）

## 3.4　公共服务设施用地演变

### 3.4.1　公共服务设施用地扩展规模与速度

　　沙溪镇传统的公共设施主要有魁阁戏台、兴教寺、本主庙、城隍庙。2001 年，沙溪撤乡建镇，寺登村作为全镇的政治、经济、文化中心，具有承担现代城镇职能的基本要求，因此建设了一系列与政务、教育、医疗等相关的公共服务设施。2001年已有的公共设施包括镇政府、镇中学、中心小学、粮管所、邮政所、税务所、水管所、卫生院、供销社、农机站、烟草公司等。随着沙溪旅游业的发展，公共设施用地逐年增加（彩图3.2，图3.24~图3.27）。

图 3.24　沙溪幼儿园

图 3.25　兰林阁酒店

图 3.26　茶马古道博物馆

图 3.27　沙溪市场监管所

2001—2005年新增的公共设施主要有停车场、客运站、果蔬市场、农贸市场、南方电网。

2006—2009年新增的公共设施主要有村委会、中心学校教办、粮食市场、派出所、司法所、兽医站、计生站、文化站等。

2010—2013年新增公共设施主要有兰林阁酒店、新建古镇入口广场、加油站、音乐广场、沙溪镇政府、沙溪初级中学、幼儿园、变电站、沙溪小学和派出所（小学和派出所原址位于兴教寺旁，后将场地置换给兰林阁）。2010年复线路修建完成，为满足本地居民及游客需求，在镇区北部复线路旁新设了一座加油站。

2014—2017年新增公共设施主要有茶马古道博物馆、兰林阁酒店（二期）、游客服务中心、沙溪宾馆、市场监管所、农资配送中心、农产品交易市场、镇政府改扩建。随着沙溪旅游产业的发展，沙溪镇旅游地位在剑川县逐渐凸显，2016年新建成运营的沙溪市场监管所由剑川县甸南镇搬到了沙溪。

### 3.4.2 公共服务设施用地演变特征

#### 1. 公共设施用地类型分析

　　一般村镇的公共设施仅需要满足当地居民生活服务需求，而旅游型村镇兼具生活和旅游的双重职能 [6]。因此，村镇内公共设施除了要满足日常生活需求，还要增设相关旅游服务公共设施，满足游客需求。

　　H. 霍伊特的城市经济基础理论将城市经济活动划分为基础部类和非基础部类。基础部类主要是为本城市以外的需要服务的，非基础部类主要是满足本城市居民的消费需要，仅仅在城市内进行收入转移 [7]。

　　借鉴该理论，将村镇公共服务设施用地划分为旅游基础部类和旅游非基础部类。旅游基础部类是为了满足游客需求的功能用地，旅游非基础部类是满足本地居民生产生活的功能用地。这两类用地对应的公共服务设施类型并不是完全分离的，有些可二者共用。

　　2002—2017 年，随着沙溪旅游业的发展，沙溪的公共服务设施中旅游基础部类逐年增多。公共服务设施服务对象由本地居民转变为居民和游客，服务功能由生活性需求转向旅游与生活共享。

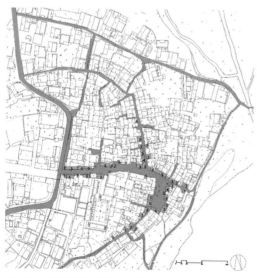

20 世纪 80 年代的四方街赶集
（来源：赵时忠摄）

商铺立面
（雅克·菲恩纳尔摄）

图 3.28　古镇沿街商铺分布（来源：《沙溪复兴工程》）

## 2. 旅游基础部类设施用地增加

旅游活动开展能带动营利性商业设施的发展，一方面零售、娱乐、餐饮等商业要满足当地居民需求，另一方面也承担了旅游活动中的吃、住、游、购、娱。

据统计[8]，沙溪古镇在20世纪50—60年代，大约有120家商店，它们是古镇曾经商贸繁荣的见证。1992年以后，大部分小商店已不再开门。临街的房子大多会被分割为几个小的铺面，采用的是木质窗扇灵活装拆。2002年，商铺主要集中在东、西巷和四方街附近，南、北古宗巷的商铺随着街巷的深入逐渐减少，其两侧未形成连续完整的商铺界面（图3.28）。

2002—2017年，新建的营利性公共服务设施逐年增多，如兰林阁酒店、购物中心、沙溪宾馆等。尤其是沙溪古镇区作为沙溪旅游发展的重点区域，古镇区内的营利性商业设施如客栈、餐馆、商店等在2015—2017年的开发数量急剧上升。

对2017年沙溪镇域的商业空间进行统计、分析发现，镇域的注册商户总量为407个，其中镇区的商户数量为336个，占比约83%。绝大多数的商户集中在镇区，其他村的商户数量较少，基本为1个，或者没有。沙溪坝区主要的旅游商户分布于寺登村内，少量分布于周边有自然、人文旅游资源的地点。服务于村民生产生活的商户主要集中在沙溪镇区西部复线路两侧，还有少量分布于甸头村委会附近，距离寺登村3.7千米[9]。

## 3. 旅游基础部类分布趋于核心区域

在旅游发展过程中，与旅游活动密切相关的旅游基础部类（如餐饮、住宿、商店）在空间上靠近核心吸引物或与之结合，布局或围绕旅游核心区域；与旅游活动联系较弱的旅游非基础部类（如行政、安保、医疗等）则远离旅游核心区。

旅游发展之前，沙溪古镇核心区曾经是沙溪的政治、经济、文化中心，也是当地居民的居住区，有承担城镇职能的政务中心、教育、医疗等公共设施。旅游发展之后，古镇区职能由居住区变成了旅游区，聚集了大量与旅游活动密切联系的公共设施，如餐馆、宾馆和商店，而一些服务当地居民的公共服务设施如停车场、医院等则向外迁出。除此之外，兴教寺西侧的沙溪小学和派出所原址被拆建成了兰林阁酒店，小学和派出所则被外迁至新建的镇区南部；位于古镇区西部的粮管所出租给外地人，而在南部新区建了新粮站；由于2004年建的老客运站已经不能满足与日俱增的游客承载需求，因此2016年在南部选址新建了客运站（图3.29）。

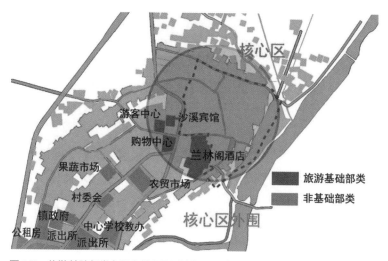

图 3.29  旅游基础部类布局在核心区（来源：孙志远绘）

# 3.5  居住用地的演变

## 3.5.1  居住用地扩展规模与速度

回溯沙溪居民选址建房的过程，绘制了2002—2006年、2006—2009年、2010—2013年、2014—2017年四个时期镇区新增居住用地演变图（彩图3.3），并计算四个时段新建民居及地基增长规模及年变化速率，绘制了增长规模及速率统计表（表3.4）。

2002—2005年，居住面积增加1.27公顷，年平均面积增长0.32公顷，2006—2009年，居住面积增长2.01公顷，年增长面积0.50公顷。2002—2009年沙溪镇区居住用地增长速率相对较低，说明此时段内，村民建房需求较低，保持相对稳定态势。2010—2017 年增长速率提高，2010—2013 年，2014—2017 年年均增加面积分别为 0.94 公顷和 1.04 公顷，约为 2006—2009 年的 2 倍，说明此时段，村民建房需求强烈。

2002—2017 年，由于人口的自然增长与旅游发展的驱动，沙溪村民建房需求逐年增加。2017 年人口比 2005 年人口增加了 1511 人，2017 年居住用地比 2002 年增加了 11.17 公顷，镇区居住用地规模不断扩大。

表 3.4　新增居住用地规模及速率表

| 时间段 | 增加面积 / 公顷 | 年均增加面积 / 公顷 | 发展类型 |
|---|---|---|---|
| 2002—2005 年 | 1.27 | 0.32 | 缓慢增长 |
| 2006—2009 年 | 2.01 | 0.50 | |
| 2010—2013 年 | 3.74 | 0.94 | 快速扩张 |
| 2014—2017 年 | 4.15 | 1.04 | |

来源：孙志远绘。

### 3.5.2 居住用地扩展阶段划分

2002—2009 年居住用地面积增长速率较低，属于缓慢增长阶段，2010—2017 年居住用地面积增长速率高，属于快速扩张阶段。旅游开发影响下的村民建房需求增加是居住用地扩展的主要原因。

（1）2002—2009 年，缓慢增长阶段。在沙溪古镇寺登街修复与重建工程的带动下，沙溪的旅游发展开始起步，本地居民希望通过发展旅游业来改变贫穷落后的经济状况。但是出于居民长期形成的居住习惯，本地居民仍旧选择在老区居住，拒绝搬迁到新区。同时，此时沙溪经济发展水平较低，村镇内部的闲置用地较多，且建设条件较好，适宜进行村庄建设，所以这一时期的建房主要以村镇内部空间填充式发展为主。村民在自家附近自主择地建房，居住用地扩展规模小、速度缓慢。

2005 年起，寺登村每年有 5~6 户村民新建或重建房，建房在公路两侧区域的规定不同，在公路西侧区域（外围区域），村民有宅基地指标就能自己建房；在公路东侧区域（村落核心区）建房需经过村、镇及县建设局审批。至 2008 年，虽然成立了管理委员会，但管理委员会还没有建房审批权，直到 2009 年后才有审批权。

（2）2010—2017 年，快速扩张阶段。此时沙溪旅游业发展较快，产业带动效果逐步显现，加上大丽高速路的通车，进一步推动了沙溪旅游业的发展。由沙溪复兴工程带动了古镇旅游资源开发，转变了村民对老房子的价值认知，本地居民建房需求增加，兴起了修建新屋热潮。

政府批准的村民建房宅基地是 150 平方米 / 户，但是多数村民都超出了这个面积，有的占地面积达到 200~250 平方米。2012 年起，随着客栈的增多，加上新增宅基地指标很难获得，许多村民把村内老宅建客栈出租，然后在自家的自留地上新建民宅。2013—2014 年，古镇区北部增加了约 50 栋自建民宅，增长率达到十几年来的最大值，在镇区北部寺登村与下课村之间数量较多，导致田园景观混乱。从地方政府角度看，一些新建民居属于"双违"建筑（指违法用地和违章建筑），但因为缺乏有效的管控和治理，已成肆意蔓延之势。

### 3.5.3 居住用地演变特征

#### 1. 趋向交通区位优越地

2002—2009 年，村民选择在自家附近闲置地新建房屋，并未出现沿着道路线建房的情况。但是随着 2010 年村镇外围复线路的建成，村民意识到沿路建房巨大的潜在经济效益，因此在交通设施区位优越的复线路沿线出现了大量的民居和客栈。

#### 2. 围绕古镇周边蔓延

近年来随着沙溪旅游业的迅速发展，游客数量不断增多，旅游业相关服务配套需求增大，村民新建房屋选址首选靠近游客活动密集的古镇区。因此，新建居住用地围绕古镇区外围的东、西、北三个方向蔓延。

### 3. 村民在自留地建房现象严重

2010—2017 年，村民在自家用于耕作的农田（自留地）中建房的现象较为严重，尤其是在北部古镇区与下科村之间的区域情况最突出（图 3.30）。这些通过侵占农田在自留地新建住宅的违法建设，使得沙溪古镇的田园山水格局面临巨大威胁。据统计，2015 年古镇区与下科村之间增加约 34 栋违法违规自建民宅。违规建房现象严重，主要有两方面的原因。

（1）旅游业发展下村民受利益的驱使。本地居民在自留地建房主要有两种情况：一种是将古镇区的老房子出租给外地人经营，用收取的租金在村落外围自家农田上新建房屋自住；另一种情况，村民仍住在古镇区的老房子里，新建房屋是为了将来做客栈，增加额外的收入。

（2）外来文化入侵，村民被迫迁出。古镇区域内大都是经营性质的住宅，本地村民的生活空间受挤压。旅游业发展下游客越来越多，古镇环境相比原来更加嘈杂，社会环境也变得更加复杂，传统的农耕生活方式受到影响。另外，相对于旅游企业来说，本地村民经营客栈在资金和经营管理等方面都处于劣势，因此，在市场的筛选下，很多村民放弃了在古镇里自己经营，选择高价出售给外地人经营。

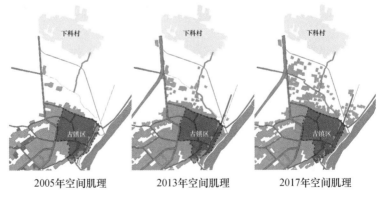

2005年空间肌理　　　　2013年空间肌理　　　　2017年空间肌理

图 3.30　下科村与古镇区之间自建房演变图

图 3.31 古镇区北面自建房侵占农田明显

　　村落核心区外围新民居不仅侵占农田，而且缺乏统一的规划布局，造成了无序发展、肌理混乱、土地利用不充分等问题（图 3.31）。这些新民居多为砖混结构，2~5 层不等，虽保留有一些白族元素，但在色彩上呈现出以白墙为主的洱海地区的建筑风格，与核心区建筑风貌不协调。同时，这些边缘区域的水、电、路网等基础设施建设不到位，其生活品质并没有得到真正提高（图 3.32）。

图 3.32 自建房周围环境

# 3.6 沙溪镇空间形态演变特征

## 3.6.1 镇域层面的空间形态演变

　　传统的村镇空间演变主要体现在农业产业发展上。村镇的生长、发展离不开农田的依赖。沙溪镇域内各村落多被农田等包围，通过人流物流、道路网络、各级村落形成了一个区域空间结构。在 20 世纪 80 年代乡镇企业发展时期，基于点轴理论的发展方式，各村落主要沿公路两侧发展，形成了一个轴向扩展阶段。

20 世纪 90 年代以来，随着乡村旅游的兴起，道路交通进一步改善，在沙溪镇域空间结构中寺登村成为高级别的节点，在其内部及周边，随着餐饮住宿等附属产业的兴起，村民新建房和地产投资的增多，沿 084 县道辐射，其空间扩展明显，整个镇域空间结构处于轴向填充阶段。随着轴向填充的蔓延，再加上其他产业的带动，村与村距离拉近，一些原来被农田相隔的村落逐渐连接在一起，出现了"连接型村落"，例如寺登村与南部的鳌凤村和北部的下科村逐渐相连。

2000 年以后，基于农田保护、传统村落保护、旅游景观保护、村民农业生产的需要，各地政府在村镇建设、土地利用等方面进行严格管控，"连接型村落"主要以交通线周边为连接地带，尚未形成建成区的面状蔓延、面状连绵，这也是村落扩展有别于城市扩展的一个特点。

## 3.6.2　镇区层面的空间形态演变

沙溪镇的建设不仅和经济发展情况相关，受旅游业发展的影响也较大。可将沙溪的空间形态演变划分为三个阶段：恢复、渐变和突变[3]（图 3.33~ 图 3.36）。

图 3.33　2002—2005 年空间　　图 3.34　2006—2009 年空间　　图 3.35　2010—2017 年空间
　　　　形态（来源：朱骅允绘）　　　　　　形态（来源：朱骅允绘）　　　　　　形态（来源：朱骅允绘）

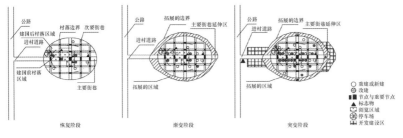

图 3.36 沙溪镇空间形态变化分析图（来源：金红娜绘）

第一个阶段为 2002—2005 年的恢复阶段。居民为改变自己的居住条件和满足居住需求而有少量新建房，镇政府和县政府为了遗产保护和旅游发展，对寺登村内部的重点建筑古戏台、兴教寺等进行恢复性建设，村落空间格局、街巷空间、标志节点、整体风貌和业态等则变化不大。镇区建设量较小，零星分布于寺登街西侧，主要是一些满足当地村民日常生活需要的公共服务设施，所以空间尺度较大，肌理松散，但对寺登村的传统风貌影响较小。总体来看，这一阶段旅游因素所起的作用较小，村落空间形态呈自组织均质发展状态。

第二个阶段为 2006—2009 年的渐变阶段。此时沙溪的旅游已经有了一些对外宣传，旅游对沙溪镇空间形态的影响日益凸显，但整体建设量不大，主要集中在 084 县道东侧，并有向南扩展的趋势。

旅游商业设施开始出现，主要道路两旁的少量民居或出租给外来人员改建为客栈、餐馆等与旅游相关的设施，或居民自己开设客栈、商铺等，由于老房子的出租，村落内部的空地逐渐减少，居民就不得不到村落外围建设新房。与此同时，也伴随着大量的居民因收入提高、家庭人口增加和住房需求提高，为追求更为舒适的居住空间而开展的新建，因此，村落范围相较于恢复阶段有所扩展。

旅游业介入后，传统村落的空间规模增大，出现空间分异，社会空间活动区域逐渐发生改变，形成游客活动区和居民活动区两大社会空间[10]。游客活动区随着游客量的增多而增多，但受团队固定游线、游客观赏行为、游客寻路困难、游客疲劳限度、游客从众心理的综合影响，游客活动区不会无限增大，而是以寺登村核心区为主。镇政府为了旅游的发展，将村落内部诸如村委会、粮食市场、派出所等设施外迁，将寺登四方街核心区的空间让渡给游客。

第三个阶段为 2010—2017 年的突变阶段。旅游快速发展，一方面为满足游客的基本需求，村落内部的公共设施开始了第二轮的置换，原沙溪小学置换为兰林阁酒店区，新的小学外迁到村落南部，与鳌凤村逐渐连成一片，在镇区西部新修了复线路，过境车辆从此不再走 084 县道，减少了对村落内部的影响。另一方面沙溪寺登村作为镇政府所在地，为满足周边生产生活需求，南片区集中建设了大量的公共服务设施（图 3.38）。

寺登村既是游客活动区也是遗产保护区，不容易产生明显的形态变化，但在村落外围边界和道路延长线周边，为满足游客和村民需求而新增的旅游设施和居住新区逐渐增多，外围的房地产发展较快，其空间形态变化较快。寺登村具有较大的旅游市场或经济活动较强的集核力，向外辐射并与北侧的下科村和南侧的鳌凤村连在一起，形成"连接型村落"，随着社会空间分异、经济空间集聚、文化空间变迁，逐渐发展演变形成小城镇，原传统村落成为小城镇的核心区（图 3.37）。

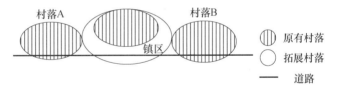

图 3.37　小城镇形态模式（来源：金红娜绘）

村镇空间成为市场力量、政府力量、村民力量和外部力量角逐的场所，与旅游活动密切相关的诸如旅游商店、客栈、餐馆等靠近游客活动区，与旅游活动联系较弱的诸如政府、粮管所、派出所、学校、医院等公共设施向外搬迁远离游客活动区。有镇政府和没有镇政府的旅游小镇虽然空间形态、面积不相上下，但分别作为"小城镇"的内涵和外延差异都较大。沙溪是镇政府所在地，其建设采用改造、重建、保留等方法对老镇区公共建筑区进行重构，使政府职能组团逐渐转化为旅游组团，且建设新的政府职能组团。没有镇政府的旅游小镇则缺乏这类职能组团的变化。

### 3.6.3 村镇内特色空间演变

沙溪从传统村落向小城镇的演变过程中，村镇中的边界、地块、街巷、节点和标志物等室外公共空间场所构成其特色空间，其中，节点可划分为道路交叉口节点、广场节点、过渡节点、出入口节点、参观节点 5 类。游客对空间的识别是以视觉感知为主的，而对空间的认同是以社会和文化为主的 [11]。因此，村镇特色空间在旅游发展过程中变化较大，既展示了旅游商业文化，也融合了地方社会文化 [12]。

边界空间可让游客感知村镇建成区与外围农田景观的差别，对村镇有一个整体意象，如黑潓江、玉津桥。地块空间差异可让游客感受到不同的村镇区域，如寺登村核心区和新建镇政府发展区的区域划分。街巷、节点空间是游客感知、游览、消费和交往行为发生的主要场所，导致高密度人群聚集，这在积极方面可让空间更具内聚力和吸引力，在消极方面则影响了街巷空间环境，使街巷和节点的形态变化较大，如寺登村东西向主街增加了水系，种植了行道树，营造了休闲商业的氛围；南北古宗巷沿街立面增加了临街商铺及外部装饰，活跃了气氛；沙溪古镇入口处新增加的茶马古道雕塑，体现了地域文化和历史记忆。标志物也是高密度人群聚集地，但村落标志物多属重点保护建筑等，在旅游发展中变化较小，如兴教寺、魁阁戏台。在村镇拓展出的新区会产生新建的街巷、节点、标志物等特色空间，如黑潓江音乐广场、茶马古道博物馆等新建场所，由于融入了新的元素和旅游需求成为新的网红打卡地和拍照地。

村民的自建房屋导致村镇区域、街巷、节点、整体风貌等发生变化。村镇作为一个整体，由一栋栋房屋共同组合而成，因此自建房屋的建筑形式、位置、层数等都会对村镇的特色空间带来影响。最明显的是古镇外围区域，借用洱海地区白族传统民居白墙、灰瓦和彩绘等元素，对沙溪整体风貌造成一定影响。

## 参考文献

[1] 吴丽敏.旅游城镇化背景下古镇用地格局演变及其驱动机制：以周庄为例 [J].地理研究，2015，34（03）：587-598.

[2] 孙志远.旅游影响下沙溪村镇空间演变研究 [D].昆明：昆明理工大学，2018.

[3] 王琴梅，方妮.乡村生态旅游促进新型城镇化的实证分析：以西安市长安区为例 [J].旅游学刊，2017（01）：77-88.

[4] 夏静.基于游客行为的大理旅游小城镇特色空间构建研究 .[D].昆明：昆明理工大学，2016.

[5] 金红娜.大理旅游村镇空间营建与利益相关者研究：以沙溪镇、新华村为例 [D].昆明：昆明理工大学，2015.

[6] 郭文.空间的生产与分析：旅游空间实践和研究的新视角 [J].旅游学刊，2016，31（8）：29-38.

[7] 管晨熹.旅游小城镇空间拓展规律研究 [D].成都：西南交通大学，2011.

[8] 瑞士联邦理工大学空间与景观规划研究所，剑川县人民政府.沙溪复兴工程 [Z].2003.

[9] 邓林森.剑川县沙溪古镇商业空间演变研究 [D].昆明：昆明理工大学，2018.

[10] 孙九霞，苏静.旅游影响下传统社区空间变迁的理论探讨：基于空间生产理论的反思 [J].旅游学刊，2014（5）：78-86.

[11] 张凡，王瑾.甘南汉藏结合地区小城镇特色空间塑造 [J].建筑与文化，2014（5）：54-58.

[12] 徐敏.镇江历史文化街区传统街巷空间特色及其保护措施 [J].现代城市研究，2013（3）：70-76.

# 4 沙溪古镇公共建筑及其周围空间

## 4.1 历史资源与建筑风貌

### 4.1.1 历史资源

#### 1. 历史建筑

在《沙溪历史文化名镇保护规划》中，重点对古镇风貌保护区内的文物古迹保护做了规划，主要分为：①寺庙，如兴教寺、魁阁、本主庙等，依据《文物保护法》进行严格保护；②寨门，根据历史资料考虑恢复北寨门、南寨门、西寨门；③保护传统民居建筑，地方政府应组织相关专家对保护民居进行评估并挂牌保护，同时应大力支持民办旅游经营服务。除此之外，传统街巷、古树名木、古桥等也是古镇重点保护内容。

图 4.1　沙溪风貌保护区

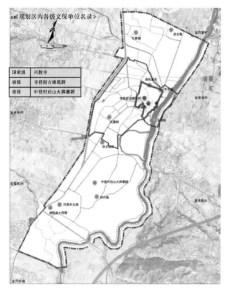

图 4.2　沙溪镇区历史资源分布图［来源:《剑川沙溪古镇（特色小镇）发展总体规划》］

　　以寺登街为核心的沙溪古镇历史资源共 10 处，分布以寺登街片区最为集中（图 4.1、图 4.2），包含全国文物保护单位 1 处（兴教寺）、省级文物保护单位 1 处（寺登街古建筑群）、市县级文物保护单位 1 处（中登村后山火葬墓群），其他为待核定的文保单位（表 4.1）。

表 4.1　沙溪古镇历史资源统计表

| 文物名称 | 年代 | 级别 | 类别 |
| --- | --- | --- | --- |
| 兴教寺 | 明永乐十三年 | 国家级 | 古建筑 |
| 寺登街古建筑群 | 清朝嘉庆年间 | 省级 | 古建筑 |
| 中登村后山火葬墓群 | 春秋晚期至西汉初期 | 县级 | 古墓 |
| 启文庵 | | 待核定 | 古建筑 |
| 玉皇阁 | | 待核定 | 古建筑 |
| 赵家大宅 | 明清以下 | 待核定 | 古建筑 |
| 本主庙 | | 待核定 | 古建筑 |
| 玉津桥 | 清乾隆年间（1935 年重修） | 待核定 | 古桥 |
| 古墓群 | | 待核定 | 古墓 |
| 烈士陵园 | | 待核定 | 陵园 |
| 印月庵 | | 待核定 | 古建筑 |
| 汉族本主庙 | | 待核定 | 古建筑 |
| 城隍庙大照壁 | | 待核定 | 古建筑 |

## 2. 古树乔木

寺登街现存上百年的古树有 15 棵[1]，树种虽然不名贵，但是其100~500 年的生长历程，足以让人刮目相看。目前，树龄最长的是 520 年的黄连木，树高 18.5 米，枝繁叶茂，遮天蔽日（表 4.2、图 4.3）。现在，绿化植物主要是槐树和红豆杉（图 4.4）。

表 4.2　沙溪古树乔木统计表 [1]

| 树名 | 树龄 / 年 | 树高 / 米 | 胸径 / 厘米 |
| --- | --- | --- | --- |
| 黄连木 | 520 | 18.5 | 154.06 |
| 圆柏 | 350 | 20.9 | 54.75 |
| 山玉兰 | 300 | 8.5 | 50.29 |
| 山玉兰 | 300 | 7.1 | 55.7 |
| 圆柏 | 250 | 13.2 | 66.84 |
| 槐树 | 160 | 13.9 | 49.66 |
| 槐树 | 150 | 18.9 | 42.97 |
| 圆柏 | 130 | 16.2 | 63.66 |
| 紫薇 | 110 | 8.3 | 24.19 |
| 圆柏 | 110 | 9.6 | 41.38 |
| 圆柏 | 110 | 11.2 | 46.15 |
| 圆柏 | 110 | 10.6 | 32.47 |
| 女贞 | 105 | 10.4 | 54.11 |

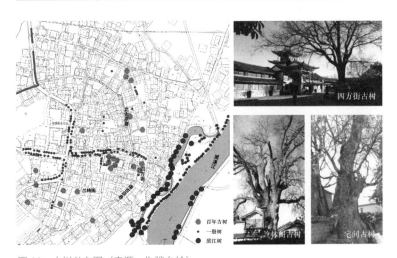

图 4.3　古树分布图（来源：朱骅允绘）

---

1　这些树木统一由当地政府挂牌保护，标注有树种、树龄、胸径、树高等信息。

百年古树主要分布在村落的北边、南边和中部，其中兴教寺中的古树最多，有 6 棵，其他的都零星分散于民居当中。最主要的当属四方街上的两棵大槐树，它们成为四方街上不可缺少的重要组成部分，是场所空间中的标志性景观。可惜其中一棵枯死，于 2005 年后重新栽种。由于保留下来的百年古树过于稀少，没有形成规模，所以很难从古树的分布上推测传统村落的发展规模。

其余的柳树主要分布于古镇入口的道路两侧。20 世纪 60 年代，因村落西边改造而种植，树龄大约五六十年。由于近代经过一些改造，所以进入寺登村的东西向主路比南、北古宗巷要宽阔很多，还出现了两排柳树和景观水系（图 4.5），这与传统村落的街巷布局有很大差异。传统街巷的肌理主要是深街窄巷的形式，建筑临街而建、蜿蜒曲折，没有多余的空间，两队马帮相遇时都需要停留错让，没有种树之地（图 4.6）。

图 4.4  兴教寺里的挂牌古树（来源：陈倩摄）

图 4.5  古镇入口道路绿化　　　图 4.6  南、北古宗巷少有绿化植物

### 4.1.2　建筑风貌评价

　　沙溪建筑多为白族风格，整体布局灵活，曲径通幽的巷道、沿路修建的民居建筑疏密有致，整个空间布局聚散得当。围绕寺登四方街核心区的传统民居，建筑肌理较为完整；外围发展区多为参照白族民居样式而建的新民居，建筑肌理尚不完整。古镇的北部以民居建筑为主，建筑尺度小、密度大；南区以公共建筑为主，建筑与街巷尺度较大[2]（图4.7~图4.10）。

图 4.7　沙溪古镇西南向航拍图

图 4.8　寺登街核心保护区航拍图

图 4.9　沙溪古镇北向航拍图

图 4.10　沙溪古镇东南向航拍图

　　根据建筑的功能和风格，将以寺登街为核心的沙溪古镇建筑风貌现状分为7类，其中传统民居占总基地面积的35.18%，风貌不协调的民居和公共建筑大约占总基地面积的12.93%[3]（图4.11、表4.3）（彩图4.1）。

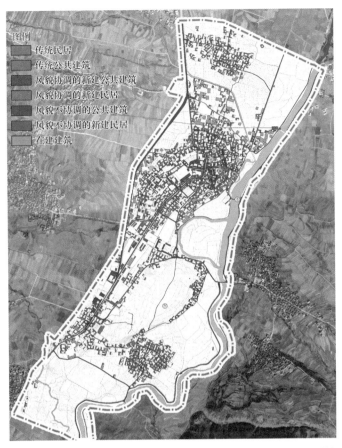

图 4.11　沙溪古镇风貌评价图（来源：程露绘）

表 4.3　各类建筑风貌基地面积比例　　　　　%

| 传统民居 | 风貌协调的新建民居 | 风貌不协调的新建民居 | 传统公共建筑 | 风貌协调的新建公共建筑 | 风貌不协调的公共建筑 | 在建建筑 |
|---|---|---|---|---|---|---|
| 35.18 | 16.20 | 5.02 | 7.28 | 11.72 | 7.91 | 16.69 |

来源：程露绘。

## 1. 传统民居

此类建筑多建于 2009 年以前，以沙溪当地传统民居样式为主，有的是夯土墙，有的是砖石墙体、木构架、木质门窗、坡屋顶，民居外墙粉饰部位从上至下分为檐下、墙心、墙脚 3 个部分，墙脚以上 50 厘米左右为石头墙或砖墙；墙心墙面占墙高一半以上并粉刷成浅红褐色，檐下和山尖部分粉刷成白色，少数题词作画，显得淳朴自然。这类民居主要集中在四方街、南古宗巷、北古宗巷等区域，代表性建筑有欧阳大院、老马店等。

## 2. 风貌协调的新民居

此类建筑多建于 2010 年以后，是基于传统建造方式的新建民居，为满足人们日益增长的居住需求与经济发展而建设。结构形式以砖混结构、砖木结构、钢筋混凝土结构为主，合院式布局、有木构架、木质门窗、坡屋顶。使用现代的装饰装修材料，建筑外墙色彩为土色或白色，主要有新建或翻新的客栈，如印迹沙溪客栈、渤海客栈等（图 4.12、图 4.13）。

图 4.12　沙溪印迹客栈　　图 4.13　渤海客栈

## 3. 风貌不协调的新民居

此类建筑与沙溪当地传统风貌不协调，功能依然为居住，其特点为平屋顶加披檐、建筑风格现代或采用大理洱海白族民居风貌，钢筋混凝土框架结构、现代门窗样式（图 4.14、图 4.15）。

图 4.14　洱海地区白族民居风貌　　图 4.15　新民居的现代门窗
　　　　　　　　　　　　　　　　（来源：李博威、李顺家摄）

## 4. 传统公共建筑（与保护规划相对应，包含保护规划中的文物保护单位）

此类建筑是传统风貌的核心节点，建筑特色鲜明，具有当地白族本主信仰、佛教信仰或者儒教信仰的特征，是当地人公共活动的场所，如兴教寺、魁阁、各村的本主庙等。

## 5. 风貌协调的新建公共建筑

此类建筑是 2009 年以来为满足新需求而建，风貌与传统相协调，其功能区别于居住，一般做商业、仓储、文化展览、工业或行政使用，其特点为木构架、合院式、坡屋顶、建设年代较近，如兰林阁酒店、鳌凤村茶马古道博物馆等（图 4.16）。

图 4.16　沙溪兰林阁酒店

## 6. 风貌不协调的新建公共建筑

此类建筑风貌与传统风貌不相协调，其功能通常为行政、商业或学校，其特点为平屋顶、层数在 3 层以上，受功能和造价的限制，门窗样式和风格都较现代化，在门头和披檐的位置做了一些地方风格造型，色彩以白墙灰瓦蓝色图案装饰为主，缺乏与传统建筑色彩和材质的呼应，如镇政府、中学等（图 4.17、图 4.18）。

图 4.17　沙溪中学宿舍　　　　　图 4.18　沙溪中学大门

## 4.2 寺登村广场空间

### 4.2.1 寺登村古集市的形成

沙溪富足的物产、得天独厚的地理区位、旺盛的宗教香火，丰富的民俗文化活动，以及齐全的休憩、娱乐空间吸引着许多客商前往沙溪，促使沙溪寺登街成为北上西藏马帮、客商进入雪域高原的最后一个停靠驿站，也是长途跋涉、远离雪山高原后的第一个陆路码头 [4]。再加上南诏大理国石窟的开凿，以及自唐代至明代沙溪坝子周边四大盐井的相继开采，沙溪在茶马古道上成为贸易集散地、显赫一时的盐都以及南诏大理国佛教文化活动中心，是一个集商贸与佛教文化于一体的传统集市。从唐朝到民国的 1200 多年时间里，沙溪一直是茶马古道上的井盐集散地，南来北往的马帮在黑潓江边络绎不绝 [5]（图 4.19）。

图 4.19  寺登街内四方街的航拍图

沙溪集市在清代以前千余年中的名称无可考，清代初中期名为四方街，依据德峰山上墓志碑"仲男联元于己巳岁迁居沙溪四方街北里"

字样，按己巳年是清乾隆十四年即公元 1749 年判断，这里在清代早中期即名为四方街。后来读书人多了，改名为仕登街，取英才荟萃登台亮相之义，这个名字一直沿用到 1949 年以后，也发现有人把"仕"写作"士"。按字义，"士"是读书人，"仕"是当官人，但未见通用，一般仍写士字。

赵丰在《沙溪集市名称的演变》一文中指出：1981 年，剑川县实施地名普查中发现，1952 年以前名为第四区一村，从 1952 年起称仕登。经查证，在清康熙《剑川州志》的"卷之十五"的乡井中，即已称为"寺登"。为延续历史，扩大兴教寺对外的影响力，1983 年 6 月 1 日，川县人民政府正式颁布使用"寺登"这一标准地名。[6]。

### 4.2.2　集市位置的变迁

据沙溪当地学者张笑先生考证，在明代以前，沙溪没有寺登街，只在整个坝子的南端，今天被称为上江坪、下江坪一带有交易集市，但后来被汹涌的泥石流冲毁。大约到了元代末年，考虑重新为商贸集市选址，因沙溪坝子南北宽、东西窄，原先偏于南端的交易集市就显得不合时宜了，非但功能不能辐射整个坝区，而且对北边的聚落也显得交通线路过长。在村民、商客以及政治统治集团的相互博弈之下，加之患匪、战争以及泥石流等外部原因，集市的地点被迁到了坝子中心的鳌峰山东北部，也就是今天的寺登街[7-9]。

明代以前，在鳌凤山东侧建有一寺院，因其规模太小，至今未见有明确的史料记载，只在村中长者口述中偶有提及。后来随着佛教文化在大理地区的持续兴旺以及统治阶级的不断鼓励支持修建了规模较大的兴教寺。兴教寺成为剑川地区名噪一时的白族密宗阿吒力佛教寺院。因为沙溪本地的佛教信徒众多，所以兴教寺自修建以来就香火不断，庙前广场更是挤满了前来拜佛的人群，终日熙熙攘攘，大规模的人流为此地建立贸易集市提供了良好的商业基础（图 4.20）。

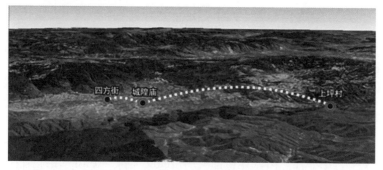

图 4.20　集市位置迁移示意图（来源：根据 Google 卫星图片改绘）

《新纂云南通志》记载："兴教寺，在城南六十里沙溪街，即杨升庵、李元阳咏海棠诗处，明永乐十三年建。"兴教寺是在鹤庆人士高知府（高士官）倡议下，在沙溪杨庆、张添缓为首的善信人集资下兴建而成[8]。兴教寺背靠鳌凤山，面向黑潓江，场地开阔。在茶马古道线路繁盛时期，沙溪"三天一集"，无论是马帮还是大理剑川周边的村民，佛教徒甚多，每到赶集，都会来祭祀求拜，为了可以更便利地赶集与祭祀，索性将赶集搬到了兴教寺门前的空地上，形成了四方街如今的雏形[8]。随着大批商人云集此地，沙溪产生了"夜市"和"早街"[10]。最终整个寺登街坐落在沙溪坝中部鳌凤山的鳌头位置，黑潓江 S 形大转弯处，依山傍水，环境、地理位置俱佳[11]。

### 4.2.3　集市发展为四方街

集贸市场是商品流通的重要场所，是社会生产力发展到一定阶段的必然产物。云南乡村的集市由来已久，早在元明之际，在广大山区，因为交通不便，运输困难就自发形成了定期或不定期的集市。

#### 1. 发展过程

四方街集市的形成经历了一个逐渐发展演变的过程，它的繁荣昌盛与兴教寺影响力的扩大，茶马古道上盐、马贸易的兴盛之间具有密不可分的联系。沙溪集市的发展分为以下三个阶段：

第一阶段，以宗教祭祀、聚会和民俗传统节日为依托的主题集市。这时的集市交流，完全依赖宗教祭祀的需求，例如农历每月的初一、十五，弥勒佛圣诞（正月初一）、释迦牟尼出家（二月初八）、释迦牟尼涅槃（二月十五）等，虔诚的佛教信徒们都会如期而至。集市所售卖的物品也都与宗教祭祀有关，其专属性较强，市场范围狭窄，交易量有限，是发展层次较低的市场，其商品主体是自用有余的部分。

第二阶段，满足聚落内部及其附近居民需求的初级市场，具有"调节余缺"和"保障供给"的经济功能。随着兴教寺的扩建，逐步成为剑川地区影响力较大的白族阿吒力佛教寺庙，虔诚的信徒从四面八方纷至沓来，给寺登街集市的扩大和发展打下了坚实的基础。人们到寺登街的目的已经不单纯为了祭祀和朝拜，而更多地有了"以物易物"等初级市场的行为，初步具有调节供需平衡的经济功能，集市职能逐渐转变为价值交换。

第三阶段，具备大宗商品集散能力的综合贸易市场。随着茶马古道的繁荣和四大盐井的开发，寺登街成为大型商品集散地，是专业化程度较高、规模较大的商贸中心。作为较成熟的商贸流通网络上的节点，寺登街已经是沟通内外物资和文化的桥梁，集市的内容也不只限于商业贸易，还扩展到宗教传播和文化交流，集市具有了更为丰富的内涵和意义。

## 2. 夜市盛况

寺登街的四方街过去是三天一市，且与"日中为市"的传统习俗大相径庭，是独具特色的"夜市"，这与沙溪、甸尾一带特殊的环境和传统习俗有关。首先，从地理位置上看："剑处滇之极西，为进藏门户，土著皆夷……"[12] 所以，沙溪和甸尾是马帮运输往来的中转站，是人马休息补充给养的最好选择。马帮在计划整个行程的时候通常都是日落时分抵达，正好赶上热闹纷繁的夜间集市。其次，沙溪属于剑川境内的鱼米之乡，所以百姓农事繁忙，他们白天都要忙于田间地头，只能在夕阳西下之后才能腾出空来赶集。所以说剑川的"夜市"是根据人们的日常行为和生活习惯，逐渐自发形成的一种集市活动，有其存在的社会生活基础，并非人为刻意规定所致。

清朝乾隆年间的剑川州牧张蕖所写的《滇西纪行记》生动再现了沙溪夜市的热闹景象："（剑）川之沙溪甸尾皆有市，悄悄长昼，烟冷街衢，日落昏黄，百货乃集，村人蚁赴。手燃松节曰明子，高低远近，如萤如磷，负女携男，趋市买卖。多席群饮，和歌跳舞，酗斗其常。"[12]剑川夜市开展得有声有色，但剑川州牧张蕚却认为这有悖于传统的"日中为市"，集市时间的昼夜颠倒影响了当地百姓的农耕劳作，最终予以取缔。"其最关风化者，莫如夜市，乃首禁之，立为条教，示以男女有别，出作入息之义，及违禁之罚。邻各里袷耆之方正者，家喻户晓之。"[12]在政权的强压之下，剑川境内的夜市几乎绝迹，但是百姓的日常作息、马帮的往来时间是不能强行控制的，"日中为市"难以推广，所以沙溪、甸尾一带逐渐演变成半晚时分的"赶街"。

根据原兴教寺门口德顺祥商号主人杨德明孙子李天才等回忆，兴教寺前原有一只破损的石狮，它的身上有一个圆形小孔，以前那个小孔里塑有大型红色木杠，上面挂有一盏巨大的、能防风雨的油灯，由聚落居民轮流值守，每天一户。到太阳落山的时候，值守的住户往灯里加油、点灯，到第二天早上再由该户熄灯，并交给下一户值守（图4.21）。

图4.21 兴教寺前的油灯

### 3. 社会历史意义

沙溪寺登街的传统集市是在特定地域、特定时期的历史产物，它对社会发展和历史变迁起到了重要作用。频繁的商业贸易，加强了各地区之间信息和技术的交流，推动了社会的进步。而且，商品经济促进了社会分工，加强了地区之间的横向经济联系，带动了周边贫困地区的经济发展，为宗教信仰和地区文化的交流创造了平台，加强了各民族和地区之间的沟通和融合。

### 4.2.4　四方街空间形态

　　在大理、丽江地区，四方街是聚落中广泛存在的一种空间类型。从拥有四方街这一空间格局的聚落分布规律来看，主要集中于西南丝绸之路和茶马古道之上，这些地区山高路险、河水湍急，只有马帮运输能适应如此恶劣的道路运输环境。因此，在马帮贸易繁荣兴盛的时代，作为聚落中心的"四方街是马帮便于装卸交流的集散地"[13]。然而，随着时代的变迁，"集市"的性质和功能也在发生变化，它逐渐成为公共活动和社会交往的重要场所，并在居民的日常生活中发挥着重要作用。

　　寺登街集市优越的区位，大批的物资交易受到盗匪的关注，因此寺登街曾被称为"肉皮子"，意思是经常被暴力掠夺的地方。历史上寺登街经历过多次战乱，多次陷入火海，除了兴教寺四周较为空旷，免于火患，多数民居都是劫后重生的产物。如今的寺登街格局基本上是 19 世纪末形成的[8]。

　　四方街西面有坐西朝东的兴教寺，东面有清嘉庆年间修建的魁星阁带戏台，坐东朝西与兴教寺大殿、二殿、寺门排列在一条中轴线上，形成一个以寺庙、广场、戏台为核心的古建筑群。后来在寺庙、戏台周围逐渐形成了临街商铺，最终围合成平面为曲尺形的露天广场，整个街面用红砂石板铺筑而成，平整干净。逐渐形成以盐为主，集茶、马、丝绸、手工制品辐射四周的古道贸易网络[11]。南寨门为南向集市的界限，寨门外空旷的场地是牲畜贸易市场。街市中心还栽有两棵古槐，其中一棵因根系枯朽折断。2004 年在原来古槐的位置上又补种了一棵，以慰藉居民对四方街根深蒂固的历史情怀。

　　沙溪寺登街的北古宗巷先与西巷连接，转了一个弯之后才到达四方街，这样的道路形式与大理、丽江地区以"四方街"为村落核心公共空间，各方向主要道路与其直接相连形成明显差异。寺登街为何会有如此与众不同的道路设计呢？2004 年以黄印武为代表的中国和瑞士学者在沙溪复兴工程的建设过程中发现:"当时四方街西北角还没有建二层砖房,整个四方街从兴教寺的北侧环绕过去,呈曲尺形。那时四方街西面的尽端,一侧是当时公馆(相当于现在的客栈)的入口,一侧连到三家巷大门,之间还有一条狭窄的小巷通往欧阳大院。可见当时的北古宗巷正是直接连到四方街上,并不需要像今天这样多拐一道弯。"[8] 他们认为,也许四方街在发展的鼎盛时期其规模远大于现在保留的遗迹,只是在发展演变过程中,不断地被新建筑切割、划分而逐渐缩小了(图4.22)。

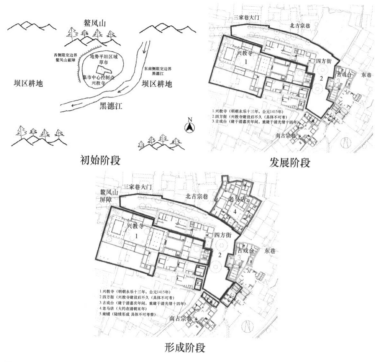

图 4.22 曲尺状四方街形成演变图

(来源:邓林森根据雅克·菲恩纳尔的《沙溪复兴工程》改绘)

在传统茶马商贸鼎盛的明清时期以及旅游适应性转型后的阶段,四方街建筑群均为商铺,具有祭祀、娱乐等功能的公共建筑。传统茶马商贸时期商铺的交易物品为马帮货物,而转型后商铺则以售卖旅游商品、提供餐饮服务为主;兴教寺、魁阁原本为祭祀、娱乐空间,经过旅游适应性转型后则成为游客的文化体验空间(图4.23、

图 4.24)。

图 4.23 茶马商贸时期集市的功能位置划分

[来源：邓林森根据雅克·菲恩纳尔的《沙溪复兴工程》改绘]

(a) 传统四方街形态及周边建筑群功能 (b) 演变后四方街形态及周边建筑群功能

图 4.24 四方街形态及周边建筑群功能演变

(根据雅克·菲恩纳尔的《沙溪复兴工程》改绘)

在茶马古道沿线的传统聚落，四方街作为核心公共空间大多位于中心，并与各个方向的主要交通流线直接相连。

四方街南北长（$L$）62 米，东西宽（$D$）22 米，周边都是一、二层高的传统民居，底层商铺面向广场和街道营业，建筑高度（$H$）基本都在 6.5 米左右。根据西特的广场尺度理论，四方街的宽与周围建筑的高之比（$D/H$）为 22/6.5=3.4；长与周围建筑的高之比（$L/H$）为 62/6.5=9.5；长与宽之比为（$L/D$）62/22=2.8。由此看来，四方街广场围合的空间尺度除了宽高比略大之外，与周围建筑的高度、比例是比较适中的，能够形成亲切宜人的场所空间（图 4.25、表 4.4）。

图 4.25 四方街广场（2017 年）

表 4.4 沙溪四方街比例尺度分析表 [14]1

| 类型 | 长（L）/m | 宽（D）/m | 高（H）/m | D/H | L/H | L/D |
|---|---|---|---|---|---|---|
| 西特标准 | — | — | — | 1 ≤ 且 < 2 | > 6 | < 3 |
| 沙溪四方街 | 62 | 22 | 6.5 | 3.4 | 9.5 | 2.8 |

## 4.2.5 黑潓江音乐广场

寺登街内除了四方街广场以外没有更多村民活动的开敞空间，为了满足当地村民日常游憩、集会、娱乐活动的需要于 2010—2013 年修建了黑潓江音乐广场。广场长 374 米，宽 25~85 米，总占地面积约为 20474m²。位于沙溪古镇核心保护区（寺登街）东侧，在东寨门外侧。广场整体呈带状，由硬质铺装和景观绿地相互交织而成。同时，为避免广场过于空旷，在广场周边也增设了与马帮文化相关的景观小品和运动休憩设施，其目的在于可根据不同的公共需求使广场能够成为舞台、休憩、玩乐场地、运动区域和竞技场等。同时音乐广场视野开阔，游客可在音乐广场一览沙溪的村落风貌（图 4.26）。

图 4.26 黑潓江音乐广场

---

1 根据西特的结论，成功设计广场大致有下列的比例关系：（1）1 ≤ D/H < 2；（2）L/D < 3；（3）广场面积 < 建筑物界面面积 ×3（其中 D 为广场的宽度；L 为广场的长度；H 为建筑物的高度）。

# 4.3 兴教寺

## 4.3.1 兴教寺建筑群

兴教寺坐西朝东，与四方街对面的魁阁戏台在同一轴线上，是四方街上的核心建筑群。"兴教寺是国内仅存的明代佛教密宗白族阿吒力寺院，始建于明永乐十三年（1415 年）"[15]规模宏大，气势宏伟，是一座集中原佛教与藏传佛教特点于一身的宗教建筑，是研究剑川古代白族建筑工艺不可多得的珍贵资料。

兴教寺于 1953 年被云南省文物管理委员会列入古文物保护范围。"文化大革命"期间，寺内的壁画、塑像、雕刻等受损严重。鉴于兴教寺在建筑、历史、文化和宗教等方面的价值，云南省人民政府于 1987 年再次将其列入省级重点文物保护单位[6]（图 4.27~图 4.29）。

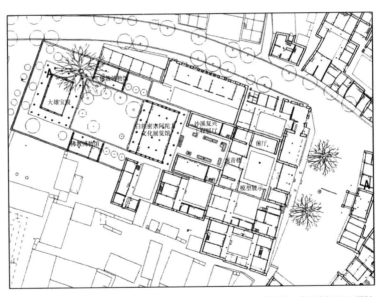

图 4.27　兴教寺平面图（来源：《沙溪复兴工程》）

图 4.28　A—A 剖面图（来源：《沙溪复兴工程》）

图 4.29 兴教寺山门立面图（来源：《沙溪复兴工程》）

兴教寺现存建筑主要建于明永乐年间（1415 年），建筑结构严谨，气势雄伟，是国内仅存的明代白族阿吒力佛教寺院。建筑群坐西朝东，由三进院落组成：大殿（大雄宝殿）及近方形的正院；二殿（天王殿）及中殿前狭小局促的第二进院落；山门及前院。前院再外是由民居围合而成的四方街广场[16]。总建筑面积约 1600 平方米。兴教寺大殿古称"大雄宝殿"，俗称"万佛殿"，占地面积 261 平方米，为藏密周廊庑殿式建筑。二殿又称"天王殿"、中殿，占地面积 313.5 平方米，单檐悬山顶，抬梁式木构建筑。山门面阔三间进深二间带前檐廊，为二层高的悬山筒瓦顶建筑。山门两侧的厢房、耳房与山门后院两层高的左右厢房连成一个有机整体，从平面布

图 4.30 兴教寺空间序列
（根据：2017 年 4 月《沙溪卫星影像》改绘）

局看形成 H 形的空间组合。这一组建筑为清末民国时期加建，与山门外四方街民居建筑群的组合更和谐，而与中殿的结合过于逼仄，尺度不宜[17]（图 4.30~ 图 4.34）。

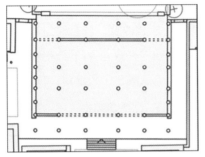

图 4.31　天王殿平面
（来源：《沙溪复兴工程》）

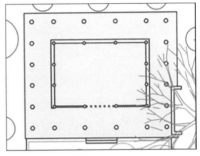

图 4.32　大雄宝殿平面
（来源：《沙溪复兴工程》）

图 4.33　天王殿立面
（来源：黄成敏摄）

图 4.34　大雄宝殿立面
（来源：黄成敏摄）

### 4.3.2　兴教寺入口大门

2003 年，兴教寺的入口是 1949 年后兴教寺作为乡政府办公用地时建盖的办公楼。大量历史调查和访谈表明，明代修建兴教寺时，建完大殿与二殿就因故停工了，大门也没来得及建造。清代曾修建过几次大门，但几建几毁，最后一次建于光绪十六年（1890 年），可惜 1922 年被洱源的土匪罗高才到沙溪抢劫时纵火烧毁，据说那是一高二低牌楼式的大门，门两侧还有哼哈二将的雕像，这也是当地政府和学者所认同和期望的大门式样[6]。

在 2004 年的沙溪复兴工程中，黄印武等中、瑞专家认为，兴教寺是四方街的一部分，现在的四方街是在漫长的历史进程中形成的，沙溪最有价值的也正是以四方街为代表的一项综合性的文化遗产，因此，四方街的整体性远比兴教寺的大门重要得多。无论兴教寺大门重建成什么样，都不能因之而改变整个四方街的历史格局。换句话说，现有建筑的位置、高度、体量都不能也不应该改变。况且时过境迁，大门两侧的民居也早就不同于当年了，单独将兴教寺大门回溯到原来的时代是一种非常尴尬的组合。所以，无论从哪一个角度讲，恢复一高二低的牌楼式大门都不现实。

后来，大门新的设计保持了现有建筑的柱位、高度和体量，不过将建筑由二层调整为通高的一层，在大的屋面之下增加了小披檐。一方面暗示出原先一高二低的形象，另一方面通过立面的划分，与周边民居的尺度相协调，而哼哈二将则安排在小披檐下的空间里。新设计消除了中、瑞专家之前的各种异议，获得了大家的一致认可，并于2004年5月12日按照当地风俗举行了隆重的兴教寺大门上梁仪式，新的兴教寺大门从此诞生[8]（图4.35、图4.36）（彩图4.2~彩图4.5）。

图 4.35　兴教寺入口大门修复前（2003 年）

图 4.36　兴教寺入口大门修复后（2005 年）

### 4.3.3　大殿（大雄宝殿）结构体系

兴教寺大殿古称"大雄宝殿"，俗称"万佛殿"，重檐歇山九脊顶，

飞檐斗拱，古雅端庄，气势宏伟。平面近正方形，开间 15 米，进深
14.5 米，[18] 大殿内无柱，以四周两排旋式大柱相撑，四
周墙壁仿西藏寺庙绘制壁画传统，是典型的周廊庑式建筑寺庙。庙宇
大柱共计 32 根：内柱 12 根，外柱 20 根。内柱 12 根辅以 2 根东西向
大过梁，3 根南北向穿枋撑住厦顶，使大殿内无柱，殿内显得空旷雄
伟。2 根大过梁、3 根穿枋撑住整间庙宇屋顶，历经 580 多年，经历
过数次大地震丝毫无损。值得一提的是 3 根东西向穿枋是一次连通，
中间无断口，也就是说一根穿枋即一棵千年古树，足以证明大殿工程
之浩大。殿庑外檐柱计 20 根，下檐庑外观四面皆五间回廊，柱头之
间以阑额相连，上面起架下檐斗拱，皆系四铺作抄单下昂，上施以斗
拱朵花，共计 46 朵，其线条几笔带过，简洁明了，衬托出大殿的古
朴、端庄、雄伟（图 4.37）。

图 4.37　兴教寺大雄宝殿木构特色

### 4.3.4　二殿（天王殿）结构体系

兴教寺二殿，古称"天王殿"，悬山式九脊顶，平面为长方形，
开单 16.5 米，进深 13.1 米，高约 17 米，面阔 5 间，进深 5 间（包
括回廊庑）。大殿、二殿的建筑方式完全不同，二殿整间庙宇多梁多
柱，柱子立于大厦内，无四周周廊庑式建筑，和大殿厦内无柱旋式走
廊形成鲜明对比，即二殿庙宇左右两山间列山柱，每排有 11 根，则
9 架 11 桁，柱与柱之间用 5 道穿枋及橡枕互连。中间四排大柱，每
排 6 根，柱与柱之间施几道穿枋相连，整间殿宇斗拱式样如倒"山"
字，带动殿宇瓦面急剧下落，并挡住东、西面阳光使整间殿宇光线阴
暗，置身其中，敬畏感油然而生。整间殿宇多梁多柱（柱共计 46 根），
梁架满铺（每间 13 架梁），斗拱林立，结构严谨，这样的构造方式

在古代天王殿佛教寺庙中甚为罕见，实为现存古天王殿建筑中的精品[11]（图 4.38）。

图 4.38　兴教寺天王殿木构特色

### 4.3.5　公共建筑装饰艺术

不同于传统民居朴素的装饰装修，沙溪传统公共建筑多装饰精美，特别是寺庙壁画。兴教寺大殿山墙上至今保存有 20 余幅壁画，色彩鲜艳，宗教色彩浓厚。其中最具特色的是正门外间门楣上的《南无降魔释迦如来会》、大殿南面右山间外壁壁带上《罗伽大佛母》、大殿南面外间外壁中铺的《太子游苑图》，其中《南无降魔释迦如来会》中的女儿身释迦牟尼佛像极为罕见，《太子游苑图》描绘了南诏、大理国时期宫廷生活的真实写照，是研究南诏、大理国的重要历史物证[11]（图 4.39）。

图 4.39　兴教寺壁画

## 4.4 魁阁戏台

寺登街的魁阁戏台修建于清朝嘉庆年间（1795—1820 年），在兴教寺、四方街东面，人们为了庆祝村中出了文人，于是兴建了坐东朝西的魁星阁带戏台，并与兴教寺成轴线对称，寺中大殿内的佛像与戏台形成两面相对之势，戏台上的表演主要是为了娱神敬佛。寺登街多次经历战争摧残，古建筑也都不幸葬身火海，直到清光绪年间（1888 年）才得以重建。1947 年，由于年久失修，古戏台整体向后倾倒，于是再次大修。"文化大革命"时，古戏台遭到严重的人为破坏，直到 1990 年，才由村里出面筹集资金再次进行维修。

虽然经历多次修建，但寺登街的魁阁戏台仍因造型优美、结构精细、装饰精美著称，成为沙溪魁阁建筑的典范（图 4.40）。

图 4.40　魁阁戏台远景

寺登街的魁星阁带戏台是特殊的建筑形式，其主体建筑是魁星阁，戏台只是一个附带功能，主要是当地人供奉魁星的地方，是典型的儒家文化建筑。魁星阁由三层木结构组成，屋脊宝顶距地面 12.2 米，一层为商铺，二层为戏台，戏台顶棚藻井装饰，屋面抬高，三层是魁阁。建筑屋面檐牙交错，层叠错落，出现 14 个飞檐翼角。檐角梁尾部雕饰成展翅飞翔的凤鸟形态，让整个建筑显得轻盈精湛。

儒、释、道等不同宗教文化沿着茶马古道先后传入沙溪境内，并在这里落地生根共同接受百姓的祭拜和香火，形成了沙溪特有的"三里不同寺，处处有香火"的独特景观。"魁星"在中原地区称为"文曲星"，主管天下文人，所以魁星虽然不是宗教信仰中的神佛，但同样受到人们的供奉。当地俗称"有寺庙就有魁星阁"，可见魁星阁和宗教一样，在剑川白族人民心目中具有举足轻重的地位。

在沙溪复兴工程中，将魁阁戏台和与之相邻的南北两翼作为一个整体来考虑，把历史建筑的修复与发展利用结合起来，在保持原有历史风貌的前提下，根据当代的需求为建筑赋予了新的使用功能。因此，修复设计过程中保留了戏台和南北两翼面向四方街的一层店铺，而把戏台后面魁阁的二层与南北两翼的二层贯通，改造成一个展示当地历史文化风俗的陈列室[8]。

寺登街的戏台原来没有藻井，是1990年维修时增加的一个用现代材料制作的简易构件，与戏台形式并不搭调。历史的真实性毋庸置疑，必须得到保留；而现实演出功能的需要也不能忽视。沙溪复兴工程对戏台的修复做了重新设计，新制作的藻井沿袭了传统风格，但改变了以前的满铺方式和结构体系。藻井周围的空隙和结构方式的变化使人可以感受到建造时代的差别，新旧关系一目了然，同时也留出了隐蔽安装戏台照明灯具的空间，藻井的风格样式与戏台呼应，形成层次分明、和谐统一的效果，达到一举多得的目的[6]（图4.41~图4.46）（彩图4.6~彩图4.9）。

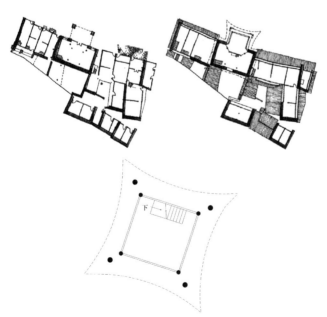

图4.41　魁阁戏台修复前一、二、三层平面图
（来源：一、二层平面来自《在沙溪阅读时间》，三层平面由朱骅允绘）

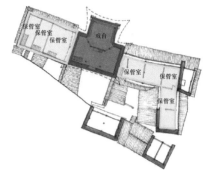

图 4.42 魁阁戏台修复后一、二层平面图（来源：《在沙溪阅读时间》）

图 4.43 2003 年修复前的魁阁戏台 　　　　　图 4.44 2004 年修复后的魁阁戏台

图 4.45 修复前的戏台藻井 　　　　　　图 4.46 修复后的戏台藻井
（来源：《在沙溪阅读时间》） 　　　　　　（来源：黄成敏摄）

# 4.5 玉津桥

　　澜沧江的支流黑潓江从北向东南纵贯整个沙溪坝子，是这里的主要水系，河道长约 10 千米，水面宽阔，水量丰富，是滋养沙溪坝子的母亲河。源头是剑湖，主要流经剑川甸南、沙溪和洱源乔后、炼铁等乡镇，是剑川县境内最大的河流之一。从剑川海门口到漾濞，有海虹桥、玉津桥、石鳌桥、北龙桥、江尾桥等 20 余座桥梁，这些桥梁是连接河流两岸居民生产、生活的纽带，是茶马古道往来运输的必经之地，很多古桥至今仍在使用（图 4.47）。

图 4.47 玉津桥（来源：陈倩摄）

玉津桥是离寺登村最近的一座古桥，位于四方街的东南面，直线距离约 240 米，是沙溪古镇的重要组成部分，也是寺登村东通大折坡哨并与大理相连的第一座桥梁。玉津桥是单孔石桥，跨距 12 米，孔高 6 米，东西长 35.4 米，桥面宽 5 米，石柱石板护栏，坚固稳重。拱顶有石雕鳌头、鳌尾分别位于桥的两边，护栏尽头还有类似"娃娃鱼"的石雕。桥头建有一碑廊，立有五块大理石碑，记录《桥引》和功德名录。

相传，明朝时期，这里原有一座木桥，1639 年徐霞客旅游到此曾从木桥上走过并记载道："沙溪之水流其东，有木梁东西架其上，甚长。"那时，江水曾好几次冲毁木桥，断绝两岸交通，"百姓多有怨难"。到了清乾隆年间改建成石板桥。当时，赵州师荔扉先生在剑川办教育，在桥上题联："石可成梁，从今不唱公无渡；津真是玉，到此方知水有源。"这即是玉津桥名称的由来。到了道光初年，石桥屡遭洪汛威胁，又改造为铁索桥[11]，"铁桥锁江"还被誉为沙溪四景之一。可见，这在当时也可算是奇迹。不料好景不长，到了清咸丰、同治年间，杜文秀农民起义军攻占大理，严重威胁了清王朝的地方统治。地方官府强令拆桥，"取铁铸兵器"用以镇压起义，结果铁桥被毁，当地百姓无不痛心疾首。在兵荒马乱之年，为了通行，只得草草建了座木桥，桥上盖有瓦房。1921 年，地方上主张建造石桥，一方绅士推举赵藩出面募捐。赵藩在《募修剑川沙溪玉津桥引》中慨叹道"木浸朽败，行者织惴惴有戒心"并陈述"工程浩大，地脊民贫，非取资募不能将事"。由于赵藩等贤士的奔走呼吁和沙溪民间团体"洞经会"的竭力募捐，玉津桥经过四方百姓 14 年的苦心经营，于 1935 年建成 [6]。玉津桥的建造，彻底改善了直通三营、牛街到沙溪的东向通道，使得黑潓江东、西部之间的商贸往来更加频繁，是茶马古道上的重要桥梁。

## 4.6　寨门

寺登街的寨门最早建于清中期。寺登街在繁华富庶之后常有土匪强盗来袭，于是在聚落的北古宗巷、南古宗巷、东巷的端头分别设置了三个寨门 [6]，始建时称为"诏门"，"诏"意为独立的小国。寨门位于东、南、北三个方向，始建于清朝中期。在清朝咸丰六年（1856年）、民国十一年（1922年）两次被焚毁，一直到 1925 年才重新修缮。1956 年之后，仅剩寨门的土建部分。1990 年之后，南寨门和北寨门相继被拆除，只剩下东寨门。

寨门设置于南、北、东三个方向，唯独西边没有，只因过去的村落环境与今天截然不同。以前在村落的西面有深不见底的壕沟和陡坎，周围布满荆棘杂草，人畜难以靠近，形成天然屏障，所以不需在此修建寨门，村落居民只是在高坎之上建了可鸟瞰全局的碉堡塔楼。"三寨一堡"的防御模式，大大增强了村落的领土意识和保卫功能。同时，外围的宅院也都是高墙耸立不设洞口和门窗，形成了严密封闭的围合性防御系统，并兼有防洪、抗风的作用。

虽然原始的碉堡和寨门已毁，但是从点滴的历史片段上还是能够看出，当年村民对村落防御建设的周密考虑。第一，村落街巷道路蜿蜒狭窄、四通八达，不熟悉地形的土匪进来就像到了迷宫，不但辨不清方向，而且由于空间局限没有办法展开攻势，形成易守难攻的防御堡垒。第二，寨门的门洞多用拱券，至多只能两匹骡马同时通过，限制了交通流量和速度。第三，寨门的样式基本都是碉楼式寨门，上层供人守更和防御，还专门留有射击眼，下层供人马通行，使得村落形成缜密严格的防御系统。另外，村民还自己组织建立了专门的自卫队守卫家园。他们将全村村民按三个寨门就近分成三个小组，每天晚上抽两三个人配合自卫队天黑之前关门、夜间打更及报警。

修复前，东寨门只剩一道土墙，墙中有一个券洞作门，与碉楼式的寨门相比，东寨门显得较为单薄。券洞上的墙体做成三滴水的样式，墙体为夯土墙，还留有施工时穿脚手架的洞口。券内侧石基已经部分缺失，门内侧的偏厦也完全倒塌，只剩下几根残存的柱子。2003年沙溪复兴工程启动后，东寨门成为第一个正式的修复项目。黄印武等专家经过实地考察，证实了东寨门原本与其他两个寨门一样都是碉楼，只是后来损毁重建时没有能力完全恢复，留下了一座未完工的寨门。在修复过程中，对于修复为哪个时期的建筑有过深入讨论。如果按照最早期的碉楼样式恢复东寨门无疑会破坏寨门的现状，专家团队最终还是选择在保持现状的基础上加固和完善其结构和形式（图4.48、图4.49）（彩图4.10~彩图4.14）。

(a) 东寨门外侧　　　　　　　　　(b) 东寨门内侧
（来源：《在沙溪阅读时间》）

图4.48　修复前的东寨门

(a) 修复后的东寨门图纸　　(b) 修复后的东寨门内侧　　(c) 修复后的东寨门外侧
（来源：《沙溪复兴工程》）

图4.49　修复后的东寨门

历史上，黑潓江多次泛滥，甚至近年雨季也出现过江水淹没寨门口的情况。由于经常遭遇河水的侵蚀，导致寨门基础发生变化，寨门墙体发生倾斜。为了考察基础是否需要加固，最直接最明确的方式就是将基础打开。当工匠们把东寨门周边的基础挖开时，掩藏在地下的历史痕迹逐渐呈现出来，虽然不是很完整，但轮廓清晰可见，证实东寨门原本和其他两个寨门一样采用的是碉堡样式。

同时，东寨门北面紧邻的民居也是一个问号。应该说，私有房屋的屋檐压在一个公共建筑的屋檐之上绝不会是在儒家文化盛行的时候出现的，这间民居一定是后来新建的。但询问村里的老人，得到的答案却说原来就有。那么唯一合理的解释就是，这间民居后来翻建过，主人趁大家不在意时，将山墙向外挪了一点，屋檐自然就盖到了东寨门的屋檐上。这家民居面向东寨门的山墙已经严重空鼓，倒塌是迟早的事。经过反复斟酌，传达正确的历史文化信息至关重要，那就必须再次改建这间民居，将民居的山墙与寨门的翼角脱开以解决危墙的隐患。出人意料的收获是：在改建这间民居的时候，工匠们居然找到了埋在土里的原先房屋的柱础石，完全验证了最初的推测，于是改建变成了复原。

为了不让黑潓江的江水冲击到寨门，东寨门的地面一再提高，到2003年的时候，寨门内外不过是一道平缓的斜坡，放学的学生经常骑自行车一路俯冲下来，穿出寨门，奔向自家的村庄。寨门内外原来的地面已经踪迹全无了，工匠们尝试着挖开地面，希望能够发现一些蛛丝马迹。果然，又有了新的发现，不过发现的不是原来的地面，而是原来寨门固定门槛的门墩石。两个门墩石基本保存完好，只是被泥土掩埋了，从位置上来看，与现在的寨门券洞是对应的，只不过门墩石的连线与寨门偏转了一个角度，顺着门墩石面对的方向抬眼望去，原来是远山中最高的一座山峰。

寨门内的铺地已经荡然无存了，寨门的台阶却一直往下，最低一级踏步竟然比现有的地面低了1米多。下到低处，回望寨门，感觉一下子雄伟高大了许多。的确，换一个角度总会有新的收获。可周围的环境不再是当时的状况，想恢复到寨门初建时的情形已经不现实了。于是，在不影响地面排水的前提下，将寨门内外的地面适当降低。寨门内的地面经过重新设计，将地面下的寨门基础投影到地面上，仍然以墙基础的垒砌方式铺在地面上，并形成一级台阶，在现存的门墩石上增加一道木门槛，含蓄地指代曾经的寨门。这样，本来平缓的斜坡被改换为微小的高差和停顿。一方面限制人流通过的速度，减少那些完全可以避免的意外对寨门的破坏；另一方面，把历史的层次平铺在地面上。这些错综复杂的关系正是真实的历史经历。

南寨门是在 1997 年创建"十级文明村、文明户"时被拆的，拆除前的南寨门是寺登街典型的碉楼式寨门——一个两坡四面封火墙的两层门楼，上层较封闭仅留三个小的洞口，下层则是拱券样式的门洞，仅供一人一马通行。到 2003 年开始沙溪修复工程时，南寨门仅留下已经倾斜的东面山墙，从巷道一侧还可以清晰地看到原来的柱子在墙上留下的凹槽。说起来，这还多亏了相邻的居民借用了山墙，否则南寨门难免会像北寨门一样荡然无存。根据这些遗留的痕迹，不难推断出原来寨门的平面关系，但屋顶高度和样式却一直找不到依据。后来，在村民手中找到一张 20 世纪八九十年代结婚的老照片，背景就是南寨门，珍贵的影像资料为修复南寨门提供了重要线索。最终黄印武等中、瑞专家从现存状态出发，尊重时间的痕迹，参考照片中的屋顶样式和高度修复了南寨门[8]（图 4.50~ 图 4.52）（彩图 4.15~ 彩图 4.17）。

原南寨门

图 4.50　南寨门老照片图（来源:《在沙溪阅读时间》）

图 4.51 2003 年残缺的南寨门

图 4.52 2005 年修复后的南寨门

## 4.7 本主庙

　　沙溪本主庙位于寺登街东北向的端头，靠近黑潓江，是沙溪古镇规模最大的本主庙宇。本主信仰是大理白族地区的普遍信仰，本主庙中供奉着各路神仙，是村落百姓重要的祭祀庙宇，却不在村落核心位置而是在边缘地带。究其缘由，主要有以下两方面。首先，寺庙选址是在聚落建设之初就决定的事情，即使是后来重建也都是在原址之上，不会另辟新址，因为本主有明确的地域界限划分，不能混淆，每位本主只能管辖一处地方，所以本主庙的选址一旦确定不会轻易改变。寺庙建立之初都会考虑与普通民宅有一个缓冲的空间和距离，以示对神的敬意，但随着人口的增加，聚落规模的不断扩张，逐渐形成了本主庙与民宅毗邻而建的局面。其次，东北方向主"水、火"是当地白族认为较吉利的优势方位，本主庙设置于整个村落的东北角，就是寄希望于在此守护村落、消灾避难、祈祷平安。

　　本主庙的选址布局是通过堪舆之后慎重选择的，具有不可颠覆的神圣性，所以基址不能选于地势低洼的地方。寺登村本主庙正殿坐西朝东，脊顶悬山，明阔三间，夯土墙，正面板壁木窗，正中雕花格子门，梁柱施彩，正中供奉毗沙门天王。左右偏殿供鲁班、财神、药王、龙王等众多神像，祈求对象复杂。右厢房为青瓦平房，面阔五间，大门双层挑檐出角，四面出水，斗拱木雕，土筑围墙，院落简洁质朴，严谨庄重[6]。寺庙门前有开阔的集散广场，并种有多棵柳树，面对黑潓江，视野开阔，环境清幽，平日里人流较少，与四方街熙熙攘攘的商业氛围形成鲜明的对比（图 4.53~ 图 4.55）。

图 4.53　本主庙入口大门

图 4.54　庙内供奉的本主

图 4.55　本主庙内院

# 4.8　茶马文化体验中心

## 4.8.1　总体布局

　　沙溪茶马文化体验中心是沙溪复兴工程的延伸项目，位于沙溪镇区南部鳌凤村，总用地面积约 1 公顷。整个茶马文化体验中心由游客接待中心、社区中心、茶马古道博物馆 3 个主要部分组成，其中游客接待中心利用原城隍庙建筑空间改造而成，保留大雄宝殿作为祭祀活动使用[19]。社区中心利用原鳌凤小学改造，而茶马古道博物馆则是完全新建，总体建筑面积约 5700 平方米[1]。（图 4.56、图 4.57）

---

1　注：项目用地面积及建筑面积为笔者根据平面图纸测量得出，与实际可能有少许差距。

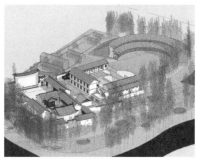

图 4.56 茶马文化体验中心总体布局（根据 2017 年 4 月《沙溪测绘影像》改绘）

图 4.57 茶马文化体验中心设计鸟瞰图

## 4.8.2 游客服务中心

游客服务中心利用原城隍庙改造而成，主体建筑坐南朝北，紧邻 084 县道，总建筑面积约 2300 平方米，建筑层数为一层，主体结构为土木结构。改造后中殿作为多功能室使用，前院两侧厢房分别做游客接待、茶室使用，后院两侧厢房分别做餐厅、棋牌室使用。北部的城隍庙大照壁与南部原大雄宝殿及两侧偏殿保留原有格局和祭祀功能不变，仅做建筑的修缮（图 4.58~图 4.60）。

图 4.58 游客服务中心

图 4.59 游客服务中心平面布局（来源：黄成敏绘）

(a) 城隍庙大照壁　　　　　(b) 修缮中的大殿　　　　　(c) 修缮中的厢房

图 4.60　城隍庙建筑修缮（来源：黄成敏摄）

### 4.8.3　沙溪社区中心

沙溪社区中心由原鳌凤村小学改造而成，为坐西朝东的合院式建筑，西侧主体建筑为两层砖混结构，南北两侧建筑为一层砖混结构，整体建筑质量较好。总建筑面积约 1800 平方米。改造后的建筑西侧为社区培训中心，南北两侧分别为研究中心和管理中心。拆除东段围墙，新增照壁，结合内部院落形成内部表演舞台，结合外部茶马古道博物馆的弧形集市广场市集形成外舞台（图 4.61~图 4.63）。

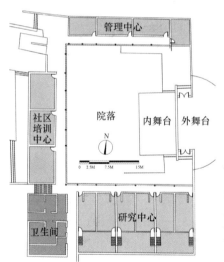

图 4.61　沙溪社区中心平面图
（来源：黄成敏绘）

图 4.62　沙溪社区中心卫生间（来源：
https://mp.weixin.qq.com/s/RMK1-V-
fwxqczuCID4yFZw）

图 4.63　沙溪社区中心改造过程

（来源：https://mp.weixin.qq.com/s/ASZZC30ZF19dZr2aeaw4Pw）

### 4.8.4　茶马古道博物馆

茶马古道博物馆为整个项目中唯一新建的部分，整体采用弧形平面布局，并结合古树对建筑形体做出凹凸变化。茶马古道博物馆主要分为影像厅和展厅两部分，总建筑面积约 1600 平方米。建筑采用传统木构架承重，夯土墙围护的结构形式，土坯墙不做粉刷，主体一层、局部二层。屋面采用双坡屋面不等坡做法，一层披檐与檐柱形成一圈弧形檐廊。目前项目已完工并全面开业（图 4.64~ 图 4.67）。

图 4.64　沙溪社区中心和茶马古道博物馆鸟瞰图
（来源：黄印武摄 [20]）

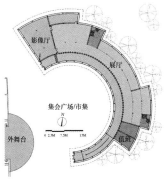

图 4.65　茶马古道博物馆平面图
（来源：黄成敏绘）

图 4.66　茶马古道博物馆建设过程

图 4.67　茶马古道博物馆建成效果

# 4.9　生态停车场

　　2004 年建的生态停车场属于沙溪复兴工程基础设施建设项目，位于沙溪客运站东侧，游客服务中心北侧，占地面积 7344m²。停车场的设计特点主要是：高绿化率、高承载力、高透水性设计，并采用太阳能板室外照明，打造一个环境优美、低碳高效的现代化停车场。停车场建筑物采用沙溪当地的传统样式，与沙溪古镇的建筑风貌协调统一。其内部和周围种植的灌木和乔木高低错落、相得益彰，既达到自然划分停车区域的目的，又形成了绿树成荫的良好景观。生态停车场的建设有效缓解了沙溪古镇停车泊位紧张的状况，为游客提供服务的同时，也为居民提供了方便，有效改善了沙溪古镇的人居环境（图 4.68）。

图 4.68  生态停车场实景照片

## 参考文献

[1] 陈倩.大理丽江传统聚落形态形成机制研究 [M].北京：科学出版社，2017.

[2] 上海同济规划设计研究院,昆明理工大学设计研究院.剑川县沙溪古镇(白族）修建性详细规划（2018）[A].

[3] 程露.历史文化型特色小镇风貌规划与管控研究：以大理沙溪古镇为例 [D].昆明：昆明理工大学，2019.

[4] 尹振龙.茶马古道多元文化和谐共处的家园：以石钟山为例浅谈茶马古道文化多元性、融合性的特征 [C]// 王明达.茶马古道论文选.昆明：云南人民出版社，2012：111-114.

[5] 杨毅.集市习俗、街子、城市：云南城市发展的建筑人类学之维 [M].北京：中国戏剧出版社，2008：201-202.

[6] 中国人民政治协商会议云南省剑川县委员会文史资料委员会.剑川文史资料选编：第八辑 [Z].2006.

[7] 张笑.茶马古道上瑰丽奇葩 [C]// 王明达.茶马古道论文选.昆明：云南人民出版社，2012：162-171.

[8] 黄印武.在沙溪阅读时间 [M].昆明：云南民族出版社，2009.

[9] 木耳.沙溪城隍庙展开的一个梦想 [J].世界建筑导报，2013，28（02）：13-15.

[10] 段鸿胜.走进沙溪古镇 [M].昆明：云南民族出版社，2014.

[11] 杨惠铭.沙溪寺登街：茶马古道唯一幸存的古集市 [M].昆明：云南民族出版社，2002.

[12] 于希贤.沙露茵.云南古代游记选 [M].昆明：云南人民出版社，1988.

[13] 万红.中华西南民族市场论 [M].北京：中国经济出版社，2005.

[14] 徐思淑，周文华，城市设计导论 [M].北京：中国建筑工业出版社，1991.

[15] 张增堂，李京龙.茶马古道唯一幸存的集市 [N].中国建设报，2002-09-20.

[16] 陆家瑞.剑川县民族宗教志 [M].昆明：云南民族出版社，2003.

[17] 宾慧中.云南剑川兴教寺木构技术研究 [J].中国文物科学研究，2012（2）：
    62-70.

[18] 杜新雁.从兴教寺建筑看白族宗教文化的融合 [J].大理大学学报，2018（8）：
    12-16.

[19] 黄成敏.文化遗产地乡土建筑旅游适应性转型研究：以大理州剑川县沙溪
    古镇为例 [D].昆明理工大学，2019.

[20] 黄印武.回归真实的古镇：云南沙溪古镇的复兴 [J].上海艺术评论，
    2017(04)：62-65.

[21] 瑞士联邦理工大学空间与景观规划研究所，剑川县人民政府.沙溪复兴工
    程 [Z].2003.

# 5 沙溪古镇民居建筑的保护与利用

## 5.1 传统民居

　　传统民居历来都是沙溪古镇的重要组成部分，在沙溪当地传统建筑的各种类型中，民居是最本质、最实用、最经济、最简洁的建筑，集中反映了当地的自然特征与人文特色，是民族文化的重要载体。沙溪传统民居融合了汉、白、藏等民族建筑的一些优点，古朴素雅、造型优美、组合灵活，既有建筑布局为"三坊一照壁"的典型的白族传统民居，如欧阳大院，也有老马店这样面南背北依次排开的非典型白族民居。传统民居常为小尺度、小进深、短而宽的建筑，由围墙围合而成的庭院通常具备很好的绿化。屋顶为传统的坡屋顶，立面的材料为红土或石灰，色彩以浅红褐色、白和灰为主。大街两侧的传统民居多为二层结构，底层空间较高，用作商店；二层空间较矮，用于居住[1-2]（图 5.1）。

(a) 传统合院民居　　　　(b) 临街传统民居　　　　(c) 传统民居院落内部

图 5.1　沙溪传统民居（来源：黄成敏摄）

　　平面布局以院落为中心，以坊为单元的两层楼阁式建筑，除了"三坊一照壁""四合五天井"、多重院落的拼接组合之外，多数为一字形、L 形院落。一层围绕内院有宽大的檐廊，遮阳挡雨，光照充足，是利用率较高的公共活动空间。山墙有悬山和硬山之分，硬山山墙的顶部多变化，并普遍采用封火墙，在发生火灾时尽量阻挡火势的扩大和蔓延，同时也可以防止大风把外悬的瓦片吹落，加强了屋顶自身的抗风能力。

建筑采用木构架与砖墙结合的穿斗式结构，墙体较厚实，有维护和承重的功能，且下大上小的木构柱子及沿内墙排列的木板（顺墙板），使整个结构刚柔相济、下重上轻，轻巧灵活又坚固耐用，具有较好的抗震和抗风作用。

庭院天井是沙溪民居中的一个重要组成元素，是人们活动最为频繁的地方，是整个院落的核心空间。因为剑川沙溪的气候属南温带温凉层，夏无酷暑，冬无严寒，四季气候宜人，人们的日常生活起居有大半都是在室外完成的。例如日常的生产劳作、茶余饭后的休闲时光、幼童玩耍嬉闹的娱乐空间都浓缩在这四角的天空下。庭院的设计因此显得尤为重要，通常采用五花石和鹅卵石等当地石材铺地，按照民间习俗铺成具有象征意义的图案，如蝙蝠、鱼、花朵、文字等，具有强烈的装饰效果。再加上花卉、盆景、流水点缀其间，形成纯朴自然的风格。

## 5.2  院落组织

### 5.2.1  院落空间构成要素

#### 1. 坊

坊是沙溪传统合院民居的基本组成单元，一般一坊由四榀梁架三间房构成，进深为两间四架椽，底层带前檐廊。每坊的间数多为奇数[1]，奇数可以保证明间居中作为堂屋，同时又属于阳刚的属性。通常正坊两侧还有两间耳房，作为厨房和楼梯间使用，增加了正坊面阔和空间使用率。耳房进深为一间，后檐墙与正坊平齐，层高和屋面低于正坊，形成一高二低的空间体量[3]。沙溪传统民居一般由1~3个坊围

---

1　石龙村民居存在少数偶数开间井干式剁木房。

合成一个院落，坊与坊之间可以有多种组合方式，由此形成丰富灵活的院落空间，以适应不同的自然条件和生活需求 [图 5.2 (a)]。

### 2. 照壁

照壁是白族传统民居中最具特色的构成元素。照壁一方面能起到遮挡视线的作用，增强民居的私密性；另一方面高原地区风力较大，能起到抵御风寒的作用。沙溪传统民居的照壁普遍采用"三滴水"（或称"三叠水"）的形式，即中间高左右两边低，竖向上分为上、中、下三段：最下面是石基底座，高于院落地面 0.5~1 米；中间是粉饰墙面；顶端最高处瓦顶是庑殿式，高度稍低于厢房上檐口，左右两侧稍矮，瓦顶为双坡式，高度与厢房披厦脊顶同高。照壁中间的粉饰墙面是最出彩的地方，通常由带状饰面分割成左、中、右三个部分，画有山水、花鸟和诗词名句等，中间是一个完整的画框，上书"福""禄""寿""清白传家"等，直观地表现了百姓的精神追求 [图 5.2 (a)、(b)]。

### 3. 门楼

门楼是界定白族合院民居院落空间内外的要素，是院落空间序列的起点。门楼一般偏置院落的一侧，有时会根据堪舆需求偏移一定角度[3]。沙溪民居的门楼多为白族传统型三滴水门楼，整体造型源于三开间牌坊建筑，采用一高二低的形式，两侧稍低檐口支撑在墙墩上，中间屋檐横跨门洞。门楼有时贴立于墙面，有时独立成双坡式或庑殿式屋面，并用斗拱和立柱作为支撑结构。门楼是院落中建筑艺术的重点表现之处，往往能通过檐下的斗拱、雕花、彩画的精美与否，从檐角起翘程度看出户主的经济实力 [图 5.2 (a)、(c)]。

（a）院落基本构成要素　　　（b）沙溪老马店照壁　　　（c）沙溪钟遴院门楼

图 5.2　沙溪传统民居院落空间的构成要素 [来源：(a) 黄成敏绘，(b)、(c) 黄成敏摄]

## 5.2.2　院落空间组合模式

　　沙溪传统民居通过坊的数量、方位组合变化和耳房搭配可以组成"一坊两耳""两坊两耳""三坊一照壁""四合五天井"等民居基本平面形式，同时根据地形的变化和人口的增加，形成丰富多样的多院落组合型民居。

### 1.一坊两耳

　　一坊两耳型民居由一个三间房的正坊和正坊两侧的两间耳房构成建筑主体。正坊卧室和堂屋，耳房通常为厨房、楼梯间、牲畜间、杂物间等。正坊正对面是照壁，门楼在院落的侧面。一坊两耳型民居常见于人口不多或经济条件不是很优越的家庭，根据需要有时可省略一侧甚至两侧的耳房，将厨房安置在正坊。一坊两耳型民居院落空间较大，为以后建造厢房留出足够的空间，靠近院落的角落还常建有小杂物间或牲畜房 [图 5.3 (a)]。

### 2.两坊两耳

　　两坊两耳型民居又可称为两坊拐角，是在一坊两耳型民居的基础上加上一侧厢房，形成 L 形的建筑主体。厢房的开间和进深均小于正坊，正面与正坊的山墙面平齐，后墙与耳房的山墙面平齐，与正坊、耳房、院墙之间形成一个小的矩形天井（又称"漏角天井"）。两坊两耳型民居正坊一般用来住人，厢房一层与耳房承担厨房、书房、牲畜房、杂物间、厕所等辅助功能，厢房二层承担储存粮食、农具等功能。两坊两耳是沙溪民居中最常见的类型之一 [图 5.3 (b)]。

### 3.三坊一照壁

　　三坊一照壁是白族传统民居最典型的平面形式，由一坊两耳型民居两侧分别加建厢房形成"冂"型建筑主体。照壁位于正坊对面并与正坊同宽，门楼开在照壁的一侧或厢房连廊处。厢房的连廊通常与正坊相通，形成整体三面廊的格局，二层连廊类似，三面相通，又称为"走马转角楼"。受经济条件的限制，三坊一照壁有时不是一次性建完整，而是通过一坊两耳型民居预留分期建设而成。三坊一照壁是一个完整的单元体系，不仅能满足生活所需的各种物质空间需求，也是白族人民的精神追求［图5.3（c）］。

## 4. 四合五天井

四合五天井型民居由四个两层三间的坊围合而成，正坊的高度和进深一般大于其他三坊，四角的小天井和中间大的院落形成"五天井"的格局。四合五天井型民居取消了正坊对面的照壁，门楼开在四个小天井中的一个，在进入大的院落之前往往还有一个大门用来增加内院的私密性，开设入口的天井环境经过精心布置，与两道门共同形成进入民居的前导空间序列。建造四合五天井型民居需要一定的地位和经济实力，在沙溪并不多见，主要分布在镇区，临街的一坊可以作为商铺使用，如南古宗巷的李宅［图5.3（d）］。

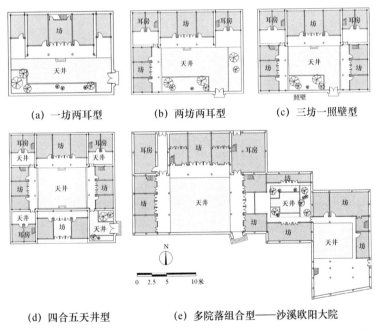

(a) 一坊两耳型　　　　(b) 两坊两耳型　　　　(c) 三坊一照壁型

(d) 四合五天井型　　　　(e) 多院落组合型——沙溪欧阳大院

图 5.3　沙溪传统民居院落空间的组合模式（来源：黄成敏绘）

## 5. 多院落组合

多院落组合型民居常以"三坊一照壁""四合五天井"作为母体，根据地形条件和人口数量增加多个坊形成多院落、多天井的格局。照壁根据需要可有所取舍，门楼开在小天井中。多院落组合型民居居住人员可能是同一大家族的不同小户，因此常开设几个入口，既相互独立互不干扰，又能与大院相通，使整个家族紧密联系在一起，如欧阳大院［图5.3（e）］。

### 5.2.3 院落空间序列关系

中国传统建筑等级观念明显，序列关系的营造是传统建筑等级观念的体现，民居空间的序列关系同样体现了尊卑有序的礼制思想。民居中居住人员在家庭或家族中的地位对应着相应的建筑居住层级关系。沙溪传统民居中正坊体量最大、朝向最好，在台基、柱高、进深等方面等级最高，中间明间为堂屋，用来招待宾客和祭祀祖先，是整个院落最尊贵的地方。堂屋两侧是卧室，以左为尊，居住的是家中地位最高的长辈，右边则是长子居住的地方。厢房建筑高度和建筑体量较正坊有所缩减，台基低于正坊，用于安排晚辈居住的卧室和厨房、厕所等辅助空间。

沙溪传统民居中的门楼、照壁、天井、正坊、厢房、耳房共同组成了院落的序列关系。以三坊一照壁型院落为例，序列的开端是门楼，界定了院落的内外关系，经照壁进入院落，两侧是厢房等次要坊，序列的终点为整个院落等级最高的堂屋，由此形成巷道—门楼—照壁—院落—厢房—正坊（堂屋）的空间序列关系。在四合五天井型民居中，正坊对面的厢房取代了照壁，再加上两个小天井，就对应地形成了巷道—门楼—小天井—中门—院落—厢房—正坊的空间序列关系。

### 5.2.4 院落空间弹性特征

院落空间的基本形态有时会根据地形的需要做弹性变化，对院落形状、坊的形状、天井数量、门楼位置等做出调整，衍生出多种院落空间形态（图5.4）。沙溪传统民居院落空间的弹性特征主要体现在形态的动态变化性和形成的整体参与性两个方面[1]。

#### 1. 院落空间形态的动态变化性

沙溪传统民居的院落形态并非一个单纯的矩形空间，也不是静止的、固定的，而是延展变化的。一方面院落内部根据功能需要加建坊，原有的院落缩小，对空间的大小产生了影响；另一方面由于院落所处的地形，如地块的大小、是否沿主要街巷，院落中的其中一坊或几坊为了与街巷走向或等高线方向一致而旋转一定角度，形成了不规则的院落空间。院落空间形态的变化性体现了传统民居的强大生命力。

### 2. 院落空间形成的整体参与性

院落空间有时由坊、照壁、门楼、院墙简单围合组成，有时将紧邻民居的后墙或山墙作为院落空间的界面。院落空间的形成部分有赖于其所在的整体群体共同构筑，其形成过程并不是完全靠单一建筑实体实现自我完善，而是在集体中生存，通过紧邻建筑物的相互作用形成院落空间，同时院落也使各个建筑相互连接成为一个整体，形成建筑群。

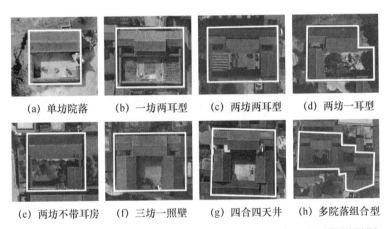

(a) 单坊院落 　(b) 一坊两耳型 　(c) 两坊两耳型 　(d) 两坊一耳型

(e) 两坊不带耳房 　(f) 三坊一照壁 　(g) 四合四天井 　(h) 多院落组合型

**图 5.4　沙溪传统民居院落空间的弹性特征（2017 年 4 月沙溪测绘影像）**

## 5.3　结构材料

沙溪传统民居的结构体系属于中国传统木架构结构体系，从组成上可以分为木梁架承重结构和墙体围护结构。

### 5.3.1　梁架承重结构

中国传统民居的梁架承重结构普遍采用穿斗式和抬梁式两种形式，穿斗式用料较小，取材方便，便于节约成本；抬梁式用料较大，成本较高，但能产生更大的室内空间。沙溪传统民居梁架结构主要采用穿斗式梁架承重结构和穿斗式、抬梁式结合梁架承重结构两种方式。

## 1. 穿斗式梁架

一个三开间的坊由四榀穿斗式梁架组成，各榀梁架之间使用纵向的承重檩条和枋木搭接。传统白族民居一榀梁架根据进深方向的落地柱和梁（檩）的规模分为"三架五桁""三架七桁""五架九桁"，最高可达"九架十三桁"，其中"架"指的是落地柱，"桁"指的是梁（檩）[3]。沙溪传统民居梁架规模较小，一般采用"三架五桁"的形式。"三架"包括前檐柱、中柱、后檐柱，"五桁"依次指的是前子桁梁、前檐梁、中梁、后檐梁、后子桁梁 [图5.5（a）]。考虑到成本，有些传统民居取消后檐柱，将后檐梁与后子桁梁直接搭建在夯土墙上，一定程度上降低了整体屋架的稳定性。

## 2. 穿斗式、抬梁式组合梁架

一部分传统民居梁架采用山墙面穿斗式，在明间中缝引入抬梁式的组合形式。抬梁式做法使得民居中的使用空间更完整，有利于各功能区间的划分；同时沙溪位于滇西北的地震高发区，山墙面采用穿斗式梁架用来增加整体结构的稳定性和抗震性 [图5.5（b）]。抬梁式梁架也可分为"三架五桁""三架七桁"等类型，除了这些标准梁架外，有时为了适应地形和主人的不同需求，梁架结构也有很多灵活变化。

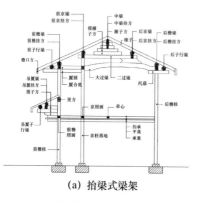
**（a）抬梁式梁架**

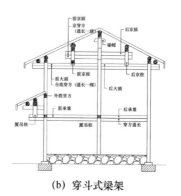
**（b）穿斗式梁架**

图5.5 沙溪传统民居结构体系

（来源：宾慧中《中国白族传统民居营造技艺》）

### 5.3.2 墙体维护结构

沙溪白族传统民居的墙体主要用来做建筑的围护结构，民居的墙面正面一般为木板墙，两侧山墙面及后墙面为夯土墙。

#### 1. 木板墙面

木板墙多用于建筑正立面及内部房间隔断。正立面木板墙由中间披厦分割成一层、二层，且呈左右中轴对称形式。明间一层为"六合门"，即六扇等宽木板门，中间两扇可以朝内对开，两侧四扇固定，一般不可拆卸，明间二层同样为六扇窗，可以两两对开，有时也采用一个方形网格固定窗的简便做法；两侧一层各开一扇门和一扇窗，门靠明间一侧，窗位于正中，如楼梯贴山墙面上，则还会在靠近山墙一侧多开一扇门，两侧二层各开一扇方形网格窗。木板和门窗上都会刷红褐色土漆或清漆做防腐处理。由于沙溪传统民居二层一般没有连廊，木板墙直接贴在披厦脊顶，故不开门（图5.6）。

图 5.6　沙溪传统民居墙体围护结构（木板墙）

#### 2. 土质墙

沙溪民居的土质墙分夯土墙和土坯墙两种，夯土墙比土坯墙密实性强，一般两尺厚（约66厘米），由下至上做单侧或两侧收分，墙体稳定性强；土坯墙是用提前制作的土坯砖砌筑而成，施工周期短，但土坯砖之间会产生缝隙，不利于建筑保温隔热，一般用于院落中的厢房或建筑内墙。山墙面山尖不易舂打[1]，常用土坯砖砌筑，同时立完梁架之后，会使用土坯砖对墙体的高度做微调。部分民居的墙面上部白

---

1　舂（chōng），本意是把东西放在石臼或乳钵里捣，使破碎或去皮壳。舂墙是民间人家建房子的一种方法，即用土来舂砌墙壁。

色下部浅红褐色，白墙上有山花、彩绘等装饰，但更多的则保持夯土本色不加装饰。白族民居常在建筑转角处用砖砌包裹，又称"金包玉"，能使建筑更加坚固美观，而沙溪民居则是用土坯砖从上砌到下，只在表面绘制砖墙的纹理，不是真正的砖砌墙角（图5.7）。

(a) 土坯墙面      (b) 夯土墙面      (c) 粉刷墙面

图 5.7 沙溪传统民居墙体围护结构（土质墙面）（来源：黄成敏摄）

### 5.3.3 屋面结构

沙溪传统民居的屋面采用双坡顶瓦屋面。由于沙溪坝子四面环山，风力较小，屋顶基本是悬山顶，可以更好地保护夯土或土坯山墙。沙溪传统民居屋面结构不设望板和挂瓦条，在椽上直接铺板瓦、滴水，板瓦上铺筒瓦和勾头。瓦与瓦之间、瓦与椽之间采用灰浆黏结。屋面坡度处理一般采用"五分水"，即屋脊高度与单坡的水平长度之比等于0.5，此外还有部分民居采用"三分水"或"四分水"[1]的做法。屋面一般为直线无举折，正脊两端山柱升起3~4寸（1寸=3.33厘米，下同），使整个屋面更加生动（图5.8）。

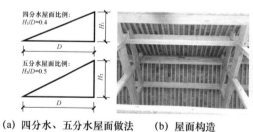 

(a) 四分水、五分水屋面做法      (b) 屋面构造      (c) 正脊两端升起

图 5.8 沙溪传统民居屋面结构 [来源：(a) 黄成敏绘，(b)、(c) 黄成敏摄]

---

1 "五分水"指屋脊高度与单坡的水平长度之比等于0.5，同理"三分水""四分水"屋脊高度与单坡的水平长度之比分别为0.3、0.4。

### 5.3.4　模数与尺度

　　经过长期的实践，沙溪传统民居形成了程式化、规范化的量度与尺度，并通过工匠师徒间的言传身教流传至今。在正坊的开间上有"明三暗七"的说法，即一个三开间的正坊与两侧各两间的耳房组成的七间房，耳房体量较小在厢房的遮挡下看不见，因此从正面看似三间实则七间。民居中常见的开间尺度有九尺、一丈二、一丈一尺六、一丈一尺八等，明间开间尺寸一般为一丈二，次间次之，一般为一丈一尺六或一丈一尺八，沙溪地区采用的是清代木工营造尺，一尺约等于 32 厘米（大理地区采用的是老尺，一尺约等于 37.6 厘米），一丈二就约等于 3.84 米。进深根据地形，常用的尺寸有一丈二、一丈四、一丈六等 [4]。有说法一、六、八是吉墨，因此开间和进深常用这几个数字。民居的高度常采用"上七下八"，即上层高七尺、下层高八尺。

　　传统民居用料方面：正规的方料断面为"三五寸"，高五寸，宽三寸，常用于梁下挂方；大梁、承重、照面等重要受力构件采用"方料四六寸"，即断面高六寸，宽四寸；梁（檩）的直径为 3.5~4 寸；柱的直径约为 7~7.5 寸；椽子小头直径 2 寸；楼梯的宽度一般为两尺，水平投影长度应超过七尺才能在上楼时不碰头，俗称"七尺楼口不碰头"，楼梯一般为单跑，较为陡峭。此外还有一些口耳相传的经验性技术，如竹子和木材的砍伐季节为"七竹八木"，屋面筒瓦和板瓦的比例为"筒三板七"，圆料直径和周长的关系为"一尺过心三尺圆"等 [3]。剑川地区木匠云集，个人水平也参差不齐，每个木匠画墨线都有自己的技巧和手法，从中可以看出匠师的水平高低，沙溪木匠一直是高水平的代表。

## 5.4　建筑立面与色彩

　　建筑多为两层建筑，一层建在较高的月台之上；二层有悬梁支撑，一般较低，多为储藏室或居住空间；屋顶采用悬山式坡屋顶，用小青瓦铺盖，屋顶坡度一般采用"五分水"，屋檐突出墙体约 70 厘米，屋脊中间平直，两端缓缓翘起，增加细节，变化灵动。墙与屋檐之间的椽、梁、枋等部分外露，屋顶由伸出的木桁承托。建筑界面总体顺直连续，局部屋顶交错搭接、檐口高度不一，建筑二层有挑出的外廊或披檐，这些建筑屋顶及立面上的变化使得建筑局部看起来轻松活泼、层次感较强。

白族民居墙面装饰也颇有特色，土墙外加粉刷，耐风雨侵蚀，增加墙的耐久性，功能和美观相结合。墙面少开窗，主要是粉饰。粉饰部位从上到下分为檐下、墙心、墙脚三个部分。墙脚以上 50 厘米左右为土坯墙或砖墙；墙心墙面粉刷成浅红褐色，部分墙柱刷成白色；檐下和山尖部分粉刷成白色，少数题词作画。沙溪民居墙面粉饰不同于大理其他地方的白族民居，墙面以浅红褐色粉饰为主，没有复杂的黑白花饰、山花等，简单明快，淳朴自然（图 5.9~ 图 5.11）。

图 5.9 民居内院立面

图 5.10 四方街临街商铺外立面

图 5.11 民居墙面粉饰

沙溪传统民居广泛采用当地木头、红砂石、石灰、红土等材料，取材方便；色彩以土坯色、浅红褐色为主，建筑具有本土特色。除寺登村核心保护区外，周边建筑立面因建于不同时期，很多地段存在立面杂糅、风格多变的现象。例如，很多新建民居参考洱海周边、喜洲、

双廊地区的白族民居，采用白色、灰色系，并增加大量彩绘和装饰，与沙溪当地传统民居风格差异较大（彩图 5.1~ 彩图 5.4）。

## 5.5 装饰装修艺术

不同于大理洱海周边白族民居精美的装饰，沙溪传统民居整体装饰风格质朴，主要分为小木作木雕、彩画、祭祖神龛三部分。沙溪民居大木作一般不做雕刻，仅在门、窗、门楼等小木作上做少量雕刻。明间门扇常采用高浮雕和立体透雕相结合，满堂雕花，雕刻图案会被简化，常见内容多为花草鸟兽、神话故事，如鹤鹿同春、喜鹊登梅、八仙过海等吉祥如意的图案。普通民居少有装饰，只有像欧阳大院这样的大户人家才会用彩画进行装饰，出现在照壁、门楼及院墙上。彩画清新淡雅，以白色底水墨画或淡彩画为主，再搭配诗词名句、盆栽绿化等，同时白色的大照壁根据不同时段太阳方位，起到反射阳光和遮挡日照的作用[3]。室内装修方面，祭祖神龛是最出彩的地方，雕刻精美考究，体现了百姓对祖先的崇敬和纪念之情（图 5.12）。

(a) 欧阳大院的神龛　　(b) 欧阳大院屋面一角彩画　(c) 欧阳大院的照壁彩画

**图 5.12** 沙溪传统民居装饰装修艺术（b 来源：《在沙溪阅读时间》）

## 5.6 欧阳大院

欧阳大院是寺登街历史上名门望族的宅院，专门为有地位和身份的士绅文人提供住宿，位于四方街西北侧"三家巷"的尽头，为欧阳家的祖先欧阳鉴光所建。始建于 1912 年，5 年以后建成，墙面装饰绘画则到 1919 年才完成。由于保持了完好的建筑样式和空间格局，构造经典，成为沙溪白族民居传统建筑的典型代表之一，并被列为省级文物保护单位（图 5.13，表 5.1）。

图 5.13 欧阳大院（来源：陈倩摄）

表 5.1 欧阳大院院落组合

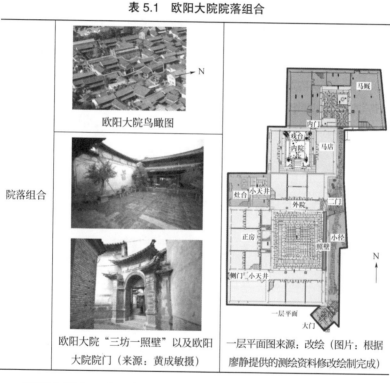

| 院落组合 | 欧阳大院鸟瞰图 | 一层平面图来源：改绘（图片：根据廖静提供的测绘资料修改绘制完成） |
|---|---|---|
| | 欧阳大院"三坊一照壁"以及欧阳大院院门（来源：黄成敏摄） | |

　　石砌大门为一高二低式白族门楼结构。大门两边有石刻凸字对联："欧脉钟灵地，阳光普丽天"，并有狮子浮雕，两旁有丰富多彩的花、鸟、鱼、虫等砖雕。大门东侧曾有欧阳鉴光亲书的题记：欧阳文忠公，吾新辟一斋中，置琴一张，剑一股，书一卷，香一炉，吾老于其间，是为六一居士。"欧阳文忠公"就是唐宋八大家之一的欧阳修，号六一居士。可见沙溪当时儒家文化的昌盛，欧阳大院的主人虽是以

商业起家，富甲一方，但是仍然以耕读为荣，以身为欧阳修的后人为荣[6]。

欧阳大院由三个院落组成（包括一个正院、一个小花园、一个厩院带杂物室），大门设计在院子的东南角。进入二门便是欧阳家宅正院，院落天井全用红砂石板铺成。外院落是典型的"三坊一照壁"的白族民居。东面面朝黑潓江与远处的高山是一个大照壁，其余三面都是两层的楼房，正房两侧有两个小天井，建有耳房，正屋高大气派，屋顶采用"一高两低"的形式。耳房别致端庄，显得稳健如初。正屋是主人日常生活的主要场所，正房右侧厨房规模很大，有一个巨大的灶台，有一口老井，便于日常生活取水，灶台可以供数十人一起劳作，从侧面也说明了当时人声鼎沸，宾客盈门。

内院是一个精致的小花园，供客商、马锅头居住，与其他马店不同之处在于，这个马店中间有一个精致的戏台，可供住在两侧的商户听戏。

欧阳家马厩是最靠北的一个院子，进入马厩的门与进入欧阳大院的门处于一条巷道，但是彼此独立、分开。马厩可直接与院外的小径连接，马帮可以不进大门直接将马牵进马厩。在马厩的南侧有一个小便门与小花园相连。马厩门上有一幅图画，画的是当年在天庭掌管天马的弼马温，请他来作为马倌，管理马圈。

在马锅头的床位上下方的墙体里，分别挖有存放物品的壁柜和小洞。这是那时候的"保险柜"。上方的壁柜存放大件物品，被床遮住的小洞则存放金银细软。一旦遇到盗贼，壁柜可以转移注意力。在欧阳家的神龛上，有一块保存数百年的玻璃，是当时欧阳家族与国外商贸往来的产物。

## 5.7 老马店

沙溪比较有特色的建筑还有"前铺后马店"的客栈，顾名思义就是将前面临街的建筑划分成大小不等的铺面用于经商，后面的院落则改造成马帮客栈，为马帮提供食宿和休息场所。商铺常占据"三坊一照壁"或"两方拐角"其中的临街一坊，楼下一层经商，楼上二层用来储物，每间铺面面积十几平方米。寺登街曾大约有 120 家商铺，他们是沙溪商贸繁荣的证明。临街商铺有单独的小门出入，木制的窗板被水平分为两个部分，上部是活动的木板，下部是固定的窗台。开门营业时将木板拆下，形成开敞的窗口进行营业，窗台变柜台，关门歇业时将木板装上，窗口封闭成为完整的墙面，灵活方便。

茶马商贸时期，商铺的交易产品常为高档货物，而四方街集市则用来交易一般性及大量性货物，室外的集市与室内各种商铺共同组成了沙溪传统茶马商贸空间。茶马商贸衰落后，这些商铺则改为服务于本地村民的生产生活型商铺，如用于售卖日常生活用品、餐饮服务、公共服务等，其中还有一些商铺是木雕手工作坊，这些木雕手工作坊主要生产制作木构件（门、窗、家具等）、精雕工艺品（包括手工摆件）（图 5.14）。

(a) 2003年前沙溪传统商铺分布　(b) 2003年临街商铺　　(c) 木雕手工作坊

图 5.14　沙溪传统商铺作坊［来源：(a) 沙溪复兴工程项目图纸］

在四方街的北侧，有一排低矮平缓的民居是为马帮提供食宿休息的马店，分属于多家经营，有李姓、赵姓、张姓马店等。由于地理区位和形态的限制，马店建筑并没有严格按照白族民居的传统样式来建造，而是顺其自然、因地制宜地根据场地的现实条件来安排布局。老马店位于四方街的北向，为了赢得更多的临街铺面，整体建筑违背当地民居东西向布置的常理而改为南北向，体现了白族居民灵活变通的处世态度。

老马店的主人是洱源人，1912 年建起这前铺后院的房子。规模较大，由四个院落构成。不同于欧阳大院采用平面功能分区的方式，老马店使用立体功能空间分区，靠近外侧院落的一层功能空间主要供主人起居使用，二层主要供客商使用，靠近内侧是马厩。老马店的平面形制可以看作前后院与一进两院相互叠加的产物。

整个院子用地并不规整，但是建设却相当考究。为了获得最多的面向街场的店铺空间，主人没有按照传统的坐西朝东进行排布，而是将房屋面南背北一字排开，正房也是遵循同样的逻辑。在房屋内部，由房屋建筑相互围成 2 个主要的院落：一个内院、一个外院，要进入内院就必须先穿过外院。其中围合外院的正房 3 间，偏房 4 间，临街 3 间是商铺，中间是外院，院中有一口井，井旁的墙上还有一个供水的神祇壁龛。大门开在东面耳房上，偏于一侧。正房北面还有两个后院，里面是马厩，带厨房的小天井和起居室。赶马人牵着马通过东面的入口穿过外院通向马厩（图 5.15）[5]。

图 5.15 老马店现状照片（来源：李博威、李顺家摄）

外院院落较大，是主人主要的生活起居空间，西边的小偏房是厨房，主人一般住在一层，二层是留给赶马人的客房，见表 5.2。

表 5.2 老马店建筑特点总结

| | 特点 | 布局图 |
| --- | --- | --- |
| 院落组合 | （1）整体呈现前铺后院的布局<br>（2）分为两个主要的院落。外院落为主人主要的起居场所。马房是正房北侧的后院<br>（3）主人一般住在一层，二层为客商住<br>（4）紧邻四方街的为沙溪典型的小商铺 | （布局图：后院、马店范围、偏房、后院、内院、照壁、正房、门楼、外院、耳房、商铺、四方街、主入口、二层主人居住、二层客商居住、厨房、马厩） |

来源：邓林森绘。

马店的二层空间在 2002 年进行复兴工程之前依然保留着马帮曾经睡过的床。与其说是床不如说是一种木头箱子。这种箱子只能从上面掀开,马锅头睡在上面,别人就无法打开。箱子里一般放置的是马锅头贵重的物品。二层的客房面向马房及院落天井设带"孔"的木格子窗,是用于观察马匹的窥视孔,客商随时可以关注外天井及马厩的马匹、货物,以防有人偷马、偷货物。住马店虽然需要花费一定成本,但是可以保证充足的睡眠及马匹与货物的安全。除此之外,马店还提供住宿、喂养马匹、医治马病、钉马掌等商业服务,同时也买卖马匹[6](表 5.3)。

表 5.3 马店建筑细部

| 实景图 | 老马店外院与沿街商铺<br>(来源:雅克·菲恩纳尔摄) | 马店鸟瞰图 |
| --- | --- | --- |
| 建筑细部 | 后院<br>(来源:《沙溪复兴工程文本》) | 马店客房的格子窗(来源:邓林森摄)<br>马店的店铺柜台设计(来源:邓林森摄) |

# 5.8 传统民居的传承与发展

## 5.8.1 兰林阁酒店

兰林阁酒店是由大理兰林阁置业有限责任公司投资开发的项目，一期工程紧邻古镇核心区西面，用地东邻兴教寺，北邻寺登街传统商业街，西临镇区主干道，南靠传统民居、南寨门、南古宗巷街区，总用地面积约1.02公顷，总建筑面积7609平方米。用地原为沙溪小学和派出所，开发后主要用于建设客栈、餐馆、商铺、茶室等。兰林阁二期位于古镇中部，北邻传统民居，东西临镇区主要道路，南部为沙溪中学田径场，场地北高南低，高差6~8米，总用地面积3084平方米，总建筑面积8425平方米。二期用地原为兽医站，开发后主要用来建设高档客栈、餐馆。

### 1. 兰林阁酒店一期

总体布局方面，以历史文化的传承与延续为切入点，通过对沙溪古镇原有肌理进行分析，新建建筑布局在提取原有布局的基础上进行院落布置、街巷宽度安排及开放空间设计，在与传统古镇相协调的同时符合现代建筑的需要。

建筑单体层面，建筑尺度体量遵从沙溪本地传统建筑尺度，建筑形式以沙溪传统民居建筑为主，局部加入现代的功能和元素，使传统乡土建筑产生渐变的发展趋势。

建筑材质与色彩方面，将传统土坯墙、夯土墙的做法改为砖墙加质感相似的涂料，既满足了现代建筑的要求，又尊重了传统文化的诉求。建筑屋顶绝大部分采用坡屋顶设计，局部结合屋顶花园及垂直绿化（图5.16）。

(a) 兰林阁酒店（一期）鸟瞰图　　(b) 兰林阁酒店（一期）现状照片

图 5.16　兰林阁酒店（一期）现状

项目根据用地形态及周边建筑性质合理地将商铺、餐厅、酒吧、茶室、酒店、客栈及附属用房布局在场地内。建筑一般以栋为单位进行功能安排，靠近北部寺登商业街及中心景观带为商铺酒吧等功能，酒店客栈分布在紧邻传统民居的地方，局部利用高差形成负一层的附属用房。

建筑高度控制方面，场地由西向东逐渐降低，兴教寺处于场地东面最低处，为了与寺庙建筑相协调，新建建筑高度以两层为主，一层层高 3.3 米，二层层高 3 米，局部建筑充分尊重现状地形，因地制宜地挖掘地下、半地下空间，在不破坏历史文脉的前提下，提高建筑使用率。

兰林阁一期工程于 2012 年开工建设，2016 年投入使用，二期工程开工于 2017 年，目前已完工。总体来看，兰林阁一期完成度较高，建筑肌理与周边四方街核心建筑群保持一致，建筑立面建筑风貌也与传统建筑类似，建筑街巷格局尺度较为宜人。水景、绿化的装饰呈现本土化和地方化的特征（图 5.17、图 5.18）。

图 5.17 兰林阁酒店（一期）与周边建筑肌理对比度
[左图兰林阁酒店（一期）项目图纸]

(a) 整体效果　　　　(b) 正立面做法　　　　(c) 山墙面做法

（d）室内效果　　　　（e）装饰水景　　　　（f）夜景照明

图 5.18　兰林阁酒店（一期）项目实景效果（来源：黄成敏摄）

### 2. 兰林阁酒店二期

　　兰林阁酒店二期工程位于离古镇核心保护区稍远的镇区中南部，用地较小且场地高差较大，建筑充分利用了场地高差对山体进行修复及传统建筑肌理织补，建筑密度和容积率普遍比一期高。

　　运用沙溪本地建筑工艺及传统手工艺，利用天然、生态的建筑材料建构符合沙溪传统文化的生态可持续绿色酒店、客栈。同时用地下空间对现状山体进行修复，恢复原有山体走势，使建筑和场地和谐、自然地融合在一起，体现因地制宜的设计理念（图 5.19）。

图 5.19　兰林阁酒店二期建设中

## 5.8.2　传统民居转型

　　古镇核心区的传统民居为满足游客和商业需要，逐步向民宿（客栈、旅游民居）转型，这是一个必然的过程，传统民居功能由面对村民的生产生活转变为面对游客的休闲体验。传统民居转型主要分为：转型餐饮、转型客栈、转型零售、混合功能四类。这样的转型在避免一些传统民居因无人使用而造成"空心化"损毁的同时，也存在过度改造而影响民居传统风貌的情况。

传统民居转型主要表现在：功能置换、立面易容、结构更替、庭院改造、室内外装饰方面。其施工做法为拆除重建、加建、改建装修，传统民居从原有的自用型建造系统转型为营利型建造系统，而村民新建房也走向自用型和营利型相结合。一些民居呈现出杂糅的建筑风格，但多数民宿能够在设计与做法上基于传统原型来创作（图5.20、图5.21）。

图 5.20 传统民居转型零售

图 5.21 传统民居转型民宿后的庭院改造
（来源：《沙溪特色小镇创建方案》）

## 1. 功能置换

第一类：民宿客栈。民宿客栈功能转型是乡土建筑旅游适应性转型中最常见的类型，截至2017年12月，沙溪已投入经营的民宿客栈共有117家，且其中大多数客栈都附带有餐饮功能。在空间分布上主要位于古镇核心区的四方街、南古宗巷、北古宗巷、东西向主街，共计67家，占总数一半以上，其余零星分布在核心区其他地点及一些周边村落中。

沙溪现有民宿客栈大多数是由传统民居转型而来，且大多带有其他功能空间，如餐饮服务功能，只有极少数原本就是马店客栈功能，如四方街北侧的老马店。通过对沙溪旅游民宿客栈调研可以总结出：不管是由传统民居还是传统马店向旅游民宿客栈转型，在功能上一般都可以分为三个转型方面，即入口方向与沿街界面的变化、功能空间划分的嬗变以及现代功能的置入 [7]。

沙溪传统民居的朝向一般为坐西朝东，院落的主入口门楼大多在东面，转型为客栈后，为了吸引游客以及增强交通可达性，一般将主入口由巷道移至临近主街的一侧。此外，传统民居私密性要求较高，在临街一侧一般不开窗或开高窗，整体较为封闭，而转型为旅游民宿客栈后，出于临街界面的公共性以及方便游客进出的考虑，临街界面一般较为开敞，建筑立面由原本的后墙面改为正立面。

传统民居与旅游民宿客栈的功能空间十分相似，因此在转型时基本遵循沿用为主、整合为辅的原则：即原本的居住房间沿用为客房功能不变；临近主街的厢房由于重新设置主入口，增加了前台、接待、茶室等功能空间；牲畜房则改为储藏空间、公共卫生间、小客房，或者与小天井、小卧室整合成一个大的客房，原本的室内楼梯转移至另一侧的小天井中或者院落中。此外有时还利用大的院落划出一部分加建一层小房，作为书吧、茶室、影院等。

对于旅游民宿客栈，卫生间是每个客房必备的功能空间，传统民居多为单个家庭，只需要集中设置一个卫生间，而旅游民宿客栈的使用者为多个不同家庭，彼此间是陌生的，淋浴、卫生间需要绝对私密，因此在沿用原本卧室的基础上需要对房间内部进行逐一改造。同时为了营造客栈的氛围与格调，常增加观影空间、阅读空间、讨论交流空间等文化体验空间（图5.22、图5.23）。

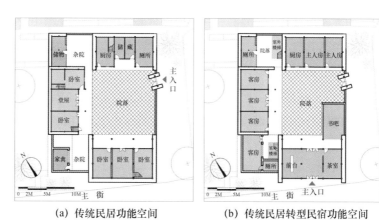

(a) 传统民居功能空间　　　　(b) 传统民居转型民宿功能空间

图 5.22　传统民居功能空间的置换（民宿）
（来源：昆明理工大学建筑学专业测绘图纸，黄成敏改绘）

(a) 民宿客房　　　　(b) 院落新建书吧　　　　(c) 院落新增楼梯

图 5.23　民宿功能空间实景

第二类：餐饮酒吧。餐饮酒吧为旅游服务功能的重要组成部分，沙溪餐饮主要以本土美食为主，如沙溪土八碗、乳饼、树花等。餐饮绝大多数由当地居民自己经营，经营者一般拥有商铺的产权。从空间分布上来说，本土特色餐厅主要分布在四方街周边，酒吧主要分布在黑潓江沿岸。从功能上来说，餐饮酒吧一般是由传统商铺或者传统民居的临街一坊转型而来，同民宿客栈类似。

沿用传统商铺做餐厅的入口方向保持不变，传统民居临街坊改餐厅的需要在临街一侧增设主入口。餐饮经营需要非常开敞的沿街面来吸引游客，一方面可以满足室内就餐者欣赏室外美景，也能让室外游客直观地感受室内就餐环境，增加游客的就餐机会；另一方面，开敞的沿街界面也有利于空间的利用，可以将部分桌椅摆放在檐下空间甚至是占用街道的一部分。餐饮沿街界面的开敞可以通过大面积的玻璃窗、可完全拆卸的门扇等实现。

传统商铺和传统民居都由小开间的坊组成，转型为餐饮后，需要将原本的隔断拆除，形成一个完整的大空间来经营餐厅，有时扩大经营空间，将建筑的檐下空间充分利用，有时还在大院落及小天井搭建顶棚，将各个零散空间整合成为适合餐饮经营的大空间。靠建筑内侧或建筑二层部分保持原有的隔断不变，改为小的餐厅包房，原本的杂物间改为卫生间，厨房需要通过兼并相邻的杂物间或向院落扩大，满足大量就餐食品制作空间需要。酒吧则不需要太大的空间，通常由一小间作为接待入口，然后整合后面的院落空间。

餐饮酒吧的卫生间面积需要扩大，通常整合小天井来增加卫生间的容量，满足大量游客的需求。此外传统民居或商铺的楼梯通常为单跑楼梯，踏步较高，梯段较陡，为了满足防火和疏散要求，需要将楼梯的宽度加宽，踏步降低，成为一个双跑楼梯。楼梯的数量也有所增加，以满足疏散要求，一般位于室外院落或小天井中（图 5.24、图 5.25）。

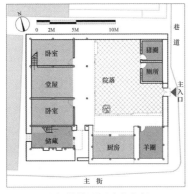 

（a）传统民居功能空间　　　　（b）传统民居转型餐饮功能空间

图 5.24　传统民居功能空间的置换（餐饮）

（来源：昆明理工大学建筑学专业测绘图纸，黄成敏改绘）

（a）檐下餐饮空间　（b）封闭院落形成餐饮空间　（c）餐饮空间向街道突破

图 5.25　旅游餐饮功能空间实景（来源：黄成敏摄）

第三类：商铺作坊。零售商铺与游客和本地村民息息相关，近年来，沙溪的零售业发展经历了三个大的阶段，在旅游业蓬勃发展以前，沙溪的原 084 县道等主要街道的经营业态主要针对当地人，以服饰、生活用品等为主。随着沙溪旅游业开发力度的加大和政策支持，古镇内的商业经营开始有部分转向销售旅游商品，主要集中在寺登街和老平甸公路。针对外来游客，出现了专门为旅游者服务的旅游商品零售店、自行车、电动车租赁店等。

零售商铺、手工作坊基本沿用了传统商铺的功能空间，在入口方向与沿街界面、功能空间划分以及现代功能的置入等方面都不会有太多改动，是几种功能转型中变化最小的。商铺面积可大可小，空间利用灵活，其入口方向与沿街界面与传统一致，主入口必须临街，界面完全开敞。在空间划分上，一般一间为一个零售商铺。由三四间组成的柜台式大商铺在沙溪较为少见。手工作坊往往需要集制作、展示、销售为一体，空间需求也灵活，小到一间商铺，大到一栋建筑（图5.26）。

|  |  |  |
|---|---|---|
| （a）临街小商铺 | （b）大型零售商铺 | （c）手工作坊 |

图5.26　零售商铺、手工作坊功能空间实景

第四类：混合型功能。混合型功能常由体量较大的公共建筑或传统民居转型而来，由于综合了多种功能空间，因此在建筑入口方向与沿街界面、功能空间划分以及现代功能的置入变化也最为复杂。最常见的功能混合类型为零售商铺功能与民宿客栈功能混合、餐饮功能与旅游民宿客栈功能的混合。混合型功能转型是沙溪最普遍的功能转型类型，一般一个传统院落多多少少都会带有一些功能的复合。

混合型功能空间划分明确，临街建筑作为餐饮功能使用时需要整合辅助用房及正房的其中一坊并拆除隔断，形成一个完整功能空间；作为零售功能商铺使用时则可保留原本的小间隔断模式不变，调整建筑入口即可；内部及二层较为私密的空间作为旅游民俗客栈的客房使用，不同功能区间使用人流互不干扰，且动静分区明确。

混合型功能转型往往需要置入多种新的功能需求，如旅游民宿客栈中加入客房的卫生间淋浴设施、前台接待、茶室、书吧、小型影院等；餐饮部分需要加入接待空间、大容量的公共卫生间、厨房、楼梯等，这些新的功能空间大多会通过封闭建筑的院落天井或增加建筑体量来实现（图5.27~图5.29）。

（a）传统民居功能空间　　　　　　　（b）混合型功能空间

图 5.27　传统民居功能空间的置换（混合型）
（来源：昆明理工大学建筑学专业测绘图纸，黄成敏改绘）

（a）传统民居功能空间　　　　　　　（b）混合型功能空间

图 5.28　传统马店（老马店）功能空间的置换（混合型）
（来源：《沙溪复兴工程》，黄成敏改绘）

（a）混合型功能临街零售商铺　（b）混合型功能临街餐饮　（c）混合型功能内院客栈

图 5.29　混合型功能空间实景（来源：黄成敏摄）

## 2. 立面易容

不管是传统民居还是传统商铺，其建筑正立面通常由木板墙面构成，山墙面及后墙面则由夯土墙或为土坯墙构成。而转型后的建筑立面总体呈现的是多材料、多色彩、多组合的立面形式。从材料上看，大面积的玻璃门窗使临街商铺的开敞性和通透性加强，吸引游客进入。从色彩上看，除了原有的木材原色，增加了红色灯笼和各式各样的广告招牌，营造了丰富热闹的商业氛围。从组合方式上看，传统商铺立面墙体分为上下两个部分，上部是灵活开启的木门扇，下部是固定的窗台兼柜台。改造后的沿街商铺，大多为连续贯通的折叠木门扇，木门板可以完整拆除，形成内外贯通的空间，最大限度地拓展临街界面，室内商品展示一览无余。

立面改造的原因主要有两个：其一，建筑材料的更新与建筑技术的提高，使得立面的设计更为灵活自由，开窗大小、窗洞形式有更多选择；其二，建筑使用功能的改变，传统民居以私密性为主，改为商业建筑之后强调公共性和开放性，因此立面造型更加开敞外向（图 5.30、图 5.31）。

(a) 传统民居立面　　　　(b) 传统商铺立面　　　　(c) 传统商铺立面

图 5.30　传统乡土建筑立面（来源：黄成敏摄）

(a) 传统民居转型为民宿　(b) 传统商铺转型为餐饮　(c) 传统商铺转型为现代
　　后的立面　　　　　　　后的立面　　　　　　　　商铺的立面

图 5.31　转型后建筑立面（来源：黄成敏摄）

## 3. 结构更替

沙溪传统民居以广泛采用当地建筑材料为主，结构体系为木构架承重、土坯墙或夯土墙做围护结构。在现代材料发展与旅游商业化影响下，沙溪乡土建筑结构逐渐开始由传统向现代更替，建造技术也在不断地发生变革。从建筑结构类型上说，可以分为传统木结构、钢筋混凝土结构、钢结构三种，在改造建筑或重建、新建建筑中会选择两种或多种结构类型组合的方式，最常见的为传统木结构＋现代钢筋混凝土结构及传统木结构＋现代钢结构两种，木结构体系利于在风貌上与传统建筑保持协调，而现代钢筋混凝土结构与钢结构则利于产生更灵活多变的使用空间（图5.32）。

(a) 钢筋混凝土结构民居　(b) 木结构+钢筋混凝土结构　(c) 木结构+钢结构

图5.32　沙溪乡土建筑结构类型的更替（来源：黄成敏摄）

### 4. 庭院改造

庭院空间宽敞，使住宅建筑与围护墙间获得良好的采光、通风条件。院墙封闭的庭院使住户获得安静的休憩环境，有安全感。庭院种植树木花卉，利于防风除尘、净化空气、降温隔热，改善院内环境气候。

沙溪庭院以前院式和后院式为主，部分是天井式，因为占地面积大，新建的建筑中已经很少使用。经济较好的人家用照壁、花墙、踏步、水池、棚架、铺地等建筑小品来划分和组织空间，创造丰富的庭院空间与房屋形式有机结合。院内地坪多用石、砖、瓦等材料，精心铺放，利用材料的质感色泽拼贴简洁美观图案。

农村民居院内多用自然土地坪种植果木。庭院也是生产、生活的场所，在院落内增建附属设施一定程度上互相干扰、影响整洁卫生（图5.33~图5.36）。

图5.33　鹅卵石式样的地坪　　　　　　图5.34　庭院闲聊

图 5.35　农村庭院只做简单硬化　　　　　图 5.36　用照壁、水池小品等组织庭院

### 5. 室内外装饰

　　传统乡土建筑的整体外观拙朴、简单，建筑外墙不加粉饰，保持土质本色，门楼、照壁雕刻与彩画朴实大方，门窗雕刻精美，上刷清漆或朱漆。旅游商业化的建筑外观多彩、复杂，建筑门楼、照壁雕刻精美甚至是繁琐，在门楼入口或沿街立面处常用灯笼、招牌营造商业氛围，吸引游客进入（图 5.37）。

　（a）建筑入口装饰　　　　（b）建筑立面装饰　　　　（c）窗台细部装饰

图 5.37　建筑外观装饰商业化（来源：黄成敏摄）

　　沙溪本地历史文化与民族特色浓厚，由此诞生了一批主题客栈、主题餐饮。在室内装饰方面，传统民居的二层地面、室内隔断一般为木板，不利于房间隔声，因此常在地面铺厚地毯，墙面改为砖墙或添加泡沫等隔声材料。室内摆件常见的有茶马古道相关的历史物件或白族相关民族饰品，如马帮雕塑、茶马古道线路图、白族扎染、布扎等（图 5.38）。

图 5.38　建筑室内装饰商业化（来源：黄成敏摄）

### 5.8.3 新建建筑

随着人们生活水平的提高，新建建筑数量的增加，新建民居以及客栈大多参照传统民居形式，采用土木结构、砖木结构以及当地的原材料，与传统民居在建筑风貌上相对协调。

对于在空地新建的建筑来说，建筑的面宽、进深、高度相较于同类型的传统乡土建筑来说都会加大，使得整体建筑看起来比传统乡土建筑更为高大。还出现很多参照大理洱海地区传统白族样式的民居，建筑色调主要为灰白色，和传统沙溪建筑风貌产生较大冲突，更有甚者直接建成现代洋房等（图5.39）。

| (a) 新建大体量民居 | (b) 新建大体量商铺 | (c) 新建大体量公共建筑 |

图 5.39　建筑的体量变化（来源：黄成敏摄）

古镇核心区内传统民居都能保持双坡顶瓦屋面的传统做法，但后来新建的一些小的辅助功能用房一般采用平屋顶加坡檐口的做法，如图5.40（a）所示。平屋顶还常见于古镇核心区外围的大型公共建筑，屋顶常分割成数个小坡顶或平屋顶。此外，一些传统民居的二层墙面不利于开窗，则通过一部分瓦屋面替换成玻璃瓦来增强室内采光。部分新建建筑虽然遵循了双坡顶瓦屋面的做法，但屋面坡度没有严格按照当地"四分水""五分水"的传统做法，显得过陡或过缓（图5.40）。

| (a) 平屋顶加坡檐口 | (b) 屋面坡度过陡<br>（大于五分水） | (c) 屋面坡度过缓<br>（小于三分水） |

图 5.40　屋顶形式变化（来源：黄成敏摄）

近年来存在一些居民自建房屋的现象，尤其是镇区外围的新建民居多为三层，一部分新民居因采用洱海地区的工匠，建筑外观风格类似洱海地区的白族民居，如外观全部采用青瓦白墙，墙面绘制复杂的黑白花饰、山花等。玻璃房、简易房增多，轮廓杂乱，天际线被破坏，严重影响了古镇原有传统风貌（图 5.41）。

图 5.41　新建民居形式异化分析（来源：黄成敏摄）

### 5.8.4　转型发展中的问题

由于沙溪传统建筑与旅游服务建筑在使用主体和使用功能上存在着一定的差异，引发了传统建筑在旅游适应性转型过程中的一些问题。

#### 1. 功能转变与空间重构

沙溪传统民居是传统茶马商贸经济与农业经济双重作用的产物，建筑功能空间类型简单，主要是与茶马商贸和农业生产生活相关的功能空间，如与茶马商贸相关的商品交易空间、马帮住宿空间等；与农业生产生活相关的粮食、农具储藏空间等，这些传统功能空间类型有的保留下来，有的则消失或通过空间重构转型为新的功能空间。

随着旅游产业的发展，很多传统民居经历了适应性转型，在功能转变的同时也实现了空间的重构。古镇核心区的民宿客栈、餐饮酒吧大多由传统民居转型改造而来，其功能上的转型主要为入口方向与沿街界面的变化、功能空间划分的嬗变以及现代功能的置入三个方面（图5.42）。这样的转变在满足了现代旅游服务需求的同时，也改变了民居建筑的传统风貌，传统民居的色彩、材料、质感被改变，沙溪元素被现代设计所代替，沙溪特色被淡化。

图 5.42　传统民居转型过程中出现的异化（来源：黄成敏摄）

## 2. 发展需求与尺度变化

为适应时代发展的需求，沙溪的生活功能空间也越来越丰富。在生活服务方面，建设了大量现代化基础服务设施及公共服务建筑，如政府办公楼、公租房、市场监管所、中小学校园等；在旅游发展方面，需要大量的旅游服务空间，如游客集散空间、休闲娱乐空间、大型集会空间等。传统建筑的功能类型、比例尺度难以满足需求，因此新建公共建筑的比例和尺度都较大，其建筑肌理与传统民居差异较大，影响了空间结构的完整性和协调性。

## 3. 现代材料与风貌杂糅

受经济因素和审美观念的影响，民居在改造和扩建的过程中大量选用现代材料和现代风格，造成与当地文化脱节，风格异化严重。尤其是镇区北侧的新建民居出现大量参照大理洱海地区白族传统民居的样式，整体色调主要为灰白色，和传统沙溪民居风貌产生较大冲突，造成对当地环境和氛围的割裂。究其原因主要是：一方面，村民经济收入提高，迫切需要改善人居环境，因此加入了太阳能热水器、玻璃阳光房、钢结构楼梯、大面积落地玻璃窗、日式风格庭院等内容；另一方面，传统建筑材料比现代建筑材料费用高，传统营造技艺比现代建造技术难度大，传统工匠艺人越来越少。因此，维护、修缮和传承传统建筑风貌往往需要投入更多的人力、物力和财力。在没有雄厚资金支持的情况下，小型民宿、客栈都会选择更经济实用的现代材料、现代风格改造民居，这些材料、风格与传统民居形成较大差异，破坏了古镇整体的风貌（图5.43）。

建筑立面出现砖砌围墙、土坯墙、瓷砖贴面等五花八门的形式；建筑立面维护措施不到位，出现墙体裂缝、生活废品堆积在墙角、墙面发黄发黑、墙面颜色材质不统一等与建筑风貌不和谐的情况。

传统民居建筑与现在建筑材料混搭出不伦不类的建筑风格，大面积利用玻璃、瓷砖、不锈钢等硬性光面材料装饰，出现玻璃幕墙、玻璃栏板、瓷砖门头、瓷砖墙体等与传统建筑风貌不和谐的建筑。

图5.43　异化民居风貌分析图

## 4. 管控缺失与建设无序

沙溪镇内部民居的改造更新缺乏监管。对古镇核心保护区和建设缓冲区的民居建设应制定不同的标准进行分区监管。对土地利用现状、建筑风貌、建筑层数、建筑结构、建筑质量、屋顶形式、建筑材料等方面缺乏严格的实时监督管理，对破坏规划的建设没有及时制止和严历处罚，造成古镇整体风貌受到影响。

另外，对土地开发边界缺乏管控。近年来沙溪居民有的为了缓解居住压力增加居住面积，在自留耕地内随意建设宅院；有的将传统村落核心区内的宅院改造为民宿对外经营，自己则外迁至村落周边的自留地新建民居中。没有规划管理的肆意开发建设，造成对农业用地的破坏以及村落建设的无序蔓延（图5.44）。

图 5.44 新建民居占用耕地

传统民居的更新改造应以改善人居环境、优化空间结构、提高土地利用效率、传承历史文化、保障社会公平为主要目的。因此在兼顾市场利益的同时应根据区域的历史文化特色，挖掘和展示传统村落的文化要素和文化内涵，延续地方特色，传承民族文化，发挥传统民居的展示利用功能。因此，规划管理部门要切实起到管理、引导的作用，对于已经实施的保护规划应严格执行、严格管理。规范传统民居更新改造或新建的同时，制定地方建设的管理规章制度，让居民清楚地知道什么可为，什么不可为。

## 5. 传承创新与设计引导不足

在民居改造更新过程中，缺乏一套切实可行的改造更新策略和适宜技术措施，在延续当地村落风貌的同时，合理解决现代居住需求的问题，没有现成的样本和范例提供给村民参考，造成改造更新五花八门、缺乏协调统一的局面。没有制定切实可行的民居设计导则，对沙溪传统民居建筑特色进行归纳、总结和强化，指导当地村民对传统元素和建筑符号进行传承与创新，造成盲目效仿，弱化自身特色和优势的现状。

## 参考文献

[1] 黄成敏. 文化遗产地乡土建筑旅游适应性转型研究：以大理州剑川县沙溪古镇为例 [D]. 昆明：昆明理工大学，2019.

[2] 上海同济规划设计研究院, 昆明理工大学设计研究院. 剑川县沙溪古镇（特色小镇）发展总体规划（2017—2020），研究专题二：文化建设研究专题 [Z].

[3] 宾慧中. 中国白族传统民居营造技艺 [M]. 上海：同济大学出版社，2011.

[4] 李海峰. 沙溪白族传统民居及其改造方式探讨 [D]. 昆明：昆明理工大学，2006.

[5] 黄印武. 在沙溪阅读时间 [M]. 昆明：云南民族出版社，2009.

[6] 邓林森. 旅游影响下沙溪村镇空间演变研究 [D]. 昆明：昆明理工大学，2019.

[7] 王潇楠. 大理当代民居旅游适应性转型与空间重构研究 [D]. 昆明：昆明理工大学，2015.

# 6 旅游开发对沙溪古镇的影响

## 6.1 对物质空间的影响

### 6.1.1 土地扩张

随着旅游产业的持续发展，沙溪镇的建设不断向外扩张。2001—2005 年新增建设用地 18803m²，2006—2009 年新增建设用地 42526m²，2010—2013 年新增建设用地 60410m²，2013—2017 年新增建设用地 38301m²，其中新建民居 17178m²[1]。

整体空间形态变化详见本书第三章 3.2 节及图 3.2。

局部空间形态变化，主要分为两个时段（图 6.1~ 图 6.3）。

图 6.1　2001 年沙溪卫片　　图 6.2　2013 年沙溪卫片　　图 6.3　2016 年沙溪卫片

（1）2001—2013 年，由于复线路的增加，使得 084 县道发生功能性改变。在复线路两侧增加了加油站等功能设施，在镇区内部新建了停车场和农贸市场。084 县道两侧增加了一些旅游功能的建筑，例如新建客栈、餐饮空间等。在通往下科村的小路有一两处新建民居，数量不多。2013 年黑潓江河道被拓宽。

（2）2013—2017 年，大量的新建民居通过侵占各家自留地拓展建设，呈无序蔓延状态。主要是复线路东侧田里、寺登村北侧田里自建房现象较为突出，导致下科村与古镇区之间的农田景观逐渐消失，形成连绵一片的村庄。古镇周围又新建了游客服务中心和兰林阁酒店，增强了整体的旅游接待能力。黑潓江岸线进一步改善，在东寨门与黑潓江之间的农田用地通过引入水系，新建了音乐广场，为居民和游客提供了更多的集会活动空间。同时，对黑潓江玉津桥周边的农用地进行了旅游开发，打造古道花海等旅游项目，为游客提供骑马观光等服务。

## 6.1.2 沙溪镇旅游业发展状况

### 1. 旅游业态统计

（1）镇域范围内。2015 年，酒吧、茶室、客栈、农家乐已发展至 186 家。截至 2016 年底，全镇共有特色客栈、餐厅 358 家，特色旅游产品商店 68 家，接待国内外游客 16.8 万人，实现旅游总收入 3620 万元。

（2）镇区范围内。2001 年，寺登村出现了第一个家庭旅馆"古道客栈"。2004 年，全村共有 4 家家庭客栈，1 家私人旅行社。2007 年，全村共有 13 家客栈，共有 100 多个床位，但档次参差不齐，有 2~3 家农家乐。在四方街周边，有外地人到此开设酒吧、茶室和客栈等，本地人多开设商铺。2013 年，全村共有 32 家客栈，本地人开客栈的约占 1/3。到 2017 年初已增加至 97 家客栈（图 6.4、图 6.5）（彩图 6.1）。

图 6.4　2001 年沙溪镇区内的古道客栈　　图 6.5　2017 年沙溪镇区商业业态分布图

## 2. 旅游业态类别

　　沙溪镇镇区主要业态特点是服务于村镇居民业态与旅游业态并存，旅游业态以餐饮、客栈及旅游零售居多，旅游体验业态以及旅游文化类业态少。旅游客栈与餐饮数量多，但种类少，一定程度上导致同质化竞争激烈。旅游零售业数量多、规模小，特色性不突出（表6.1）。

表 6.1　2017 年沙溪镇区商业业态统计表

| | 主类 | 小类 | | | 数量 |
|---|---|---|---|---|---|
| 旅游业态 | 餐饮 | 咖啡店 | 特色餐饮 | 牛奶店 | 61 |
| | 客栈 | 青年旅社 | 特色客栈 | 商务酒店 | 97 |
| | 旅游零售 | 黑陶 | 酒坊 | 玉器 | 36 |
| | | 木雕 | 手工茶坊 | 麦芽糖坊 | |
| | | 竹编 | 野生菌特产 | 民族服饰 | |
| | | 银器 | 手工艺 | | |
| | 旅游体验 | 花海欣赏 | 骑行 | | 2 |

续表

| 主类 | | 小类 | | 数量 |
|---|---|---|---|---|
| 非旅游业态 | 其他商业 | 超市 | 手机店 | 家用电器 | 68 |
| | | 打印店 | 服装店 | 农药化肥 | |
| | | 小商店 | 糕点店 | 美发店 | |

## 6.1.3　旅游对沙溪生产生活的影响

### 1. 社会活动的空间映射

旅游业的蓬勃发展给沙溪当地居民的社会生活带来了冲击与变化。旅游业的发展会加深商业在沙溪的渗透从而引发物质、文化和社会等多维空间的嬗变，空间被不断生产与重构，从而导致建筑功能重构、传统风貌改变、村民行为变化等现象。

从游客体验来看。沙溪古镇核心区内（寺登街与四方街周边）形成以旅游服务为主的功能，如客栈、餐饮、旅游商铺等，为本地村民服务的公共服务设施南迁，逐渐与鳌凤村连成一片。这既保持了沙溪古镇的特征，村容村貌得到改善，又使村镇建设更加有序。基础设施逐步完善，道路两边安装了路灯，主要旅游区域做了水景，修建停车场、音乐广场等，这既为游客营造了氛围与活动空间，也为村民提供了方便，使村民的生活与居住环境得到了极大改善。

从村民体验来看。村落出现了成片的居住区和酒店民宿区。如兰林阁酒店区建成后主要为游客提供餐饮、娱乐、住宿、购物等，为当地村民创造了就业机会。同时，村民的生产生活方式也发生了很多改变。例如，东寨门外出现了音乐广场，傍晚，村民在广场随着音乐跳起广场舞，丰富了居民的日常生活。此外，还出现了专门的市场，如果蔬市场、粮食市场、农贸市场等。沙溪镇区形成了游客和村民互不干扰的活动空间，游客对村民的生产生活空间影响较小，同时，本地居民也不会干扰游客的游览活动。

## 2. 旅游造成的空间分异

旅游发展导致了空间分异，出现了以游客活动为主的游览区，主要以沙溪古镇为主；以当地居民日常生活为主的生活区，主要为本地居民提供必要的居住和生活配套服务（图6.6）。

图 6.6　2017 年沙溪镇游览区与生活区分布图

主要游览区范围包括寺登村四方街、古戏台、兴教寺、寨门、欧阳大院、玉津桥等，主要集中于核心区的寺登街、南古宗巷和北古宗巷、玉津桥及黑潓江周边的传统民居建筑群，面积大约 10 公顷。街道景观性较好，尺度适宜，建筑风貌为沙溪传统的白族风格，土墙灰顶，建筑层高一般为 1~2 层。建筑立面普遍被"打开"，具有很强的商业外向性，建筑功能以旅游商业为主（图6.7）。

图 6.7　游览区服务游客的街巷

　　主要生活区以政府所在地为中心，主要是处于穿越镇区的 084 县道周边的区域，如本主庙、黑潓江周边道路、音乐广场和西北部生态停车场等处。面积大约 20 公顷。建筑形式现代，建筑风格混杂，糅合了洱海地区白族民居风格、传统沙溪民居风格及现代建筑风格，层数一般为 2~5 层。主要为面向本地村民的公共服务设施、生活商业设施和民居建筑（图 6.8）。

图 6.8　生活区服务居民的街巷

　　传统的赶集聚集在四方街及周边，由于遗产保护和旅游发展的需求，传统的赶集活动从四方街迁出，改在镇区的 084 县道上举行，赶集时间定在每周的星期五。这样的改变带来两方面的影响：其一，赶集远离了四方街，减少了当地居民与游客之间的交集，村民对寺登村四方街的使用频率大大降低，同时四方街也失去了当地的赶集文化，缺少了生活氛围。其二，聚集在县道两侧的赶集聚集地与寺登村四方街相比，尺度较长，空间开敞，能满足人们更多的需求。特色小吃与手工艺品不仅吸引了本地村民，同时也吸引了游客。赶集也成为游客游览过程中的一个观赏点（图 6.9、图 6.10）。

图 6.9　赶集区、城隍庙位置
示意图

图 6.10　沙溪镇赶集场景照片

　　1950 年，城隍庙被征作粮库，从而失去了以往的功能。在中国与瑞士的合作下，城隍庙逐步恢复以往的集会功用。如今，每年农历三月初五，沙溪 10 村寨的白族乡亲，穿戴着民族服饰，带上香烛、祭品，扶老携幼地走向城隍庙。

　　现在，围绕着城隍庙建了游客服务中心、沙溪社区中心和茶马古道博物馆。以沙溪代表性文化遗产城隍庙为基础，结合沙溪社区中心的建设，依托于沙溪茶马古道遗址，将传统博物馆的收藏展示研究功能拓展为集展示、餐饮、市集等多种功能为一体的参与性文化体验中心（图 6.11）。

图 6.11　城隍庙前的集会活动

# 6.2 游客与公共空间的相互影响

## 6.2.1 游客类型

从游客重游率来说，沙溪游客的重游率较高，其原因可能是游客对沙溪镇的满意度较高，沙溪镇的古街巷、古建都保存良好，整体风貌完整，商业开发适度，其质朴幽静的生活氛围有强烈的地域文化特色。

从游客性别比来说，女性游客比男性游客多，其原因可能是女性游客相对男性游客有较充足的时间；从年龄层次上来说，老年游客较多，其原因可能是沙溪镇的古建筑、有年代感的街巷、宁静的氛围是老年游客比较喜欢的。其中国外老年旅游团到访沙溪的数量也较多，这与沙溪入选 2002 年 101 个世界建筑遗产名录密切相关。

从游客文化水平来说，沙溪的游客整体文化水平较高，其原因可能是沙溪传统的建筑文化、民俗文化、地域风情等要素更受高学历游客、民族文化爱好者的青睐。

从游客客源地来说，以外省游客为主，云南本省游客为辅，当地游客较少。其原因可能是沙溪在全国旅游的口碑较好，有独特的自然和人文环境，与普通的都市生活形成鲜明对比，旅游吸引力较强，而云南省和本地区的很多游客已经多次游览，或者觉得与自己的生活环境相似，所以对沙溪的兴趣不大[2]。

## 6.2.2 游客行为

### 1. 感知行为

来沙溪之前，游客对沙溪的感知印象以"千年古镇"和"茶马古道"为主，其次是"佛教寺院"和"世界建筑遗产"，极少部分游客的第一印象集中在当地的特色活动，还有个别游客没有印象；而游客现场感知中最感兴趣的仍然是千年集市和茶马古道文化、寺庙等古建，只是在实际游览中进一步对街巷有了更深刻的印象（图 6.12）；52% 的游客觉得实际游览与想象中差不多，40% 的游客觉得实际游览比想象中好，8% 的游客觉得实际游览不如想象中好 [1]。

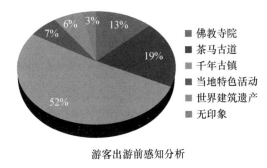

游客出游前感知分析

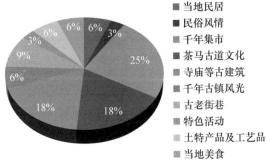

游客现场感知分析

图 6.12 沙溪古镇游客出游前后现场感知对比分析图（来源：夏静绘）

　　大部分游客在未到沙溪古镇游玩之前，已经浏览了古镇的相关资料，说明他们最希望看到与体验的是沙溪古香古色的千年集市与茶马古道文化。在游客的现场感知行为中又不断强化和丰富了对沙溪的认知，使游客对之前印象不深的传统街巷有了更浓厚的兴趣。大部分游客觉得沙溪古镇与想象中的差不多，说明沙溪古镇的宣传比较到位。而部分游客觉得实际游览比想象中的更好，说明游客在现场感知中发现了沙溪更多的美好，因此对沙溪整体旅游感受比较满意。少部分游客觉得实际游览不如想象中好，可能是这些游客不太喜欢沙溪过于原始、古朴、清静的特质（图 6.13）。

---

1　根据附录 A：沙溪游客行为调查问卷所得出的结论。

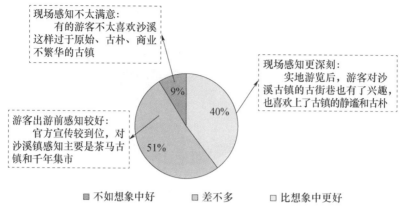

现场感知不太满意：
有的游客不太喜欢沙溪这样过于原始、古朴、商业不繁华的古镇

现场感知更深刻：
实地游览后，游客对沙溪古镇的古街巷也有了兴趣，也喜欢上了古镇的静谧和古朴

游客出游前感知较好：
官方宣传较到位，对沙溪镇感知主要是茶马古镇和千年集市

9%

40%

51%

■ 不如想象中好　　■ 差不多　　□ 比想象中更好

图 6.13　沙溪古镇实际游览与想象对比分析图（来源：夏静绘）

　　游客对沙溪的识别以视觉感知为主，而对沙溪的认同则更侧重于对社会和文化的感知。游客对沙溪的识别主要通过古榕树、魁星阁、四方街、寺庙、古民居、滨水空间等空间元素，这些元素不仅围合、界定了空间，也营造了独特的地域文化氛围，让游客对空间场所有了一定的识别和认同感（表 6.2）。

表 6.2　游客对案例地的识别和认同情况对比表

| 游客识别和认同 | 沙溪镇 |
| --- | --- |
| 识别性 | 游客对寺登四方街、古戏台、兴教寺、寨门、欧阳大院、玉津桥等具有较高的可识别性 |
| 认同感（整体） | 具有千年集市的茶马古镇，古建筑、古街巷较多且保存良好，氛围更加宁静古朴，茶马古道文化底蕴深厚 |
| 认同感（具体空间场所） | ① 四方街是沙溪镇的灵魂，中心是百年古榕树，周围是古戏台、兴教寺、马店等建筑，给游客营造了古老宁静的茶马古镇空间氛围；② 玉津桥是黑潓江上的重要的古桥，斑驳的桥面，视野好，给游客留下了较深刻的印象 |

来源：夏静整理。

## 2. 游览行为

　　游客主要分为团队游客和散客两类。团队游客的游览有较固定的路线，游览时间较少；而散客游览路线不固定，游览时间可自由支配，较充裕。根据游客的从众心理，散客的游览行为受团队游客的影响较大。

　　沙溪古镇的游览行程一般是从丽江乘车，车程 2 小时，游览时间

1.5~2 小时。团队游客在沙溪古镇的游览路线一般从寺登街入口进入，一路游览北古宗巷—欧阳大院—四方街—古戏台—兴教寺—南古宗巷—南寨门—玉津桥。由于沙溪古镇只作为团队游览行程中的一个短暂景点，游览时间仅 1.5~2 个小时，所以团队游客一般不在沙溪住宿（图 6.14）。

图 6.14　沙溪古镇游览路线图（来源：朱骅允绘）

对于散客来说，不管是从大理还是从丽江出发，到沙溪镇的乘车时间要花费 3 小时以上，因此大部分散客会选择至少在沙溪住宿一晚，有的甚至更长，他们的游览时间充裕，受团队游览路线的影响相对较小。散客主要的游览路线与团队游客相似，只是有的散客会随意地在小巷穿行，游览线路不固定，有的散客还会继续往南一直游览到城隍庙一带。

沙溪古镇的街巷多为古老的红砂石铺地，两边有绿化和水渠景观，环境宜人，适合游客步行，所以游客主要为步行游览，也有少部分游客选择骑马游览茶马古道。

游客主要的游览区域是寺登街区和黑潓江滨水区域，通过问卷收集与实地观察发现，大部分的游客觉得最有特色的地方是四方街和滨水空间，停留时间最长的地方也是四方街和滨水空间，其次是古街巷和玉津桥（图 6.15）。这说明沙溪的主要广场街巷节点、黑潓江边和街巷是游客觉得比较有特色的空间。同时游客聚集，商铺林立，容易发生游客与原住民或其他游客的交往行为，进而也满足了游客的交往需求，延长了停留时间。

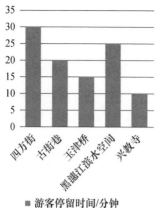

■ 游客停留时间/分钟

图 6.15　沙溪镇游客停留时间（来源：夏静绘）

### 3. 消费行为

　　游客在沙溪古镇的消费金额大部分在 100~600 元，因为沙溪古镇的规模比较小，游客一般仅待 1~2 天，所以消费水平不高。大部分的游客选择住当地的特色客栈或经济型酒店，以便深入体验当地传统民居的空间。

　　相对而言，游客在沙溪的消费主要用于住宿和交通；餐饮、门票、旅游纪念品的消费金额比例较小。这与古镇的商业化程度相关，旅游地商业越发达，游客消费越高，旅游业的经济驱动能力越大；旅游地商业越落后，游客消费越低，旅游业的经济驱动能力越小。例如，以度假游为主体的海南，其旅游商业发展迅速，吃、住、行、游、购、娱已经形成完整的产业链，能够满足各个消费层级的人群需求，是区域经济发展的核心动力。与此相反的一些乡村旅游如阿者科、诺邓等地，因为没有开发出太多的旅游产品，游客多以观光游为主，难以提高旅游经济收益。目前来看，沙溪的旅游产品开发较少，旅游潜力还未完全激发，旅游商业难以形成集聚和带动效应（图 6.16）。

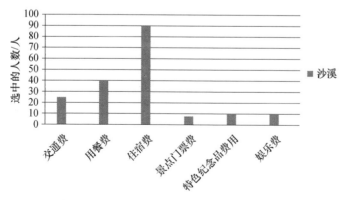

图 6.16　游客消费项目对比分析图（来源：夏静绘）

#### 4. 交往行为

游客的交往行为让特色空间变得更有特色，也变得更吸引人，它让游客充分融入旅游地的公共空间中，充满浓厚的商业和生活气息。从广义的角度说，游客的交往行为贯穿于整个旅游行程中，如在游客游览和消费行为中也会发生交往行为。游客在游览过程中会向当地居民或是其他游客问路，要求摄影等交往行为；而游客在消费行为中又会与当地商贩商谈价格，或是与其他游客聊天。根据现场观察发现，游客的交往行为主要发生在街巷、广场、滨水边界和码头等公共空间，游客的静态交往行为与游客的停留区域和时间有关，而游客的动态交往行为与人群的聚集有关。

游客在沙溪镇的交往行为主要发生在四方街、黑潓江滨水空间和古街巷中。在四方街和古街巷中，游客既会与旅游从业者发生交易行为，也会与其他游客发生聊天、交流、询问等交往行为；在滨水街巷中，游客主要与其他游客发生聊天、请求拍照、问路等交往行为。

#### 5. 量化评价

在沙溪实地调研过程中，根据量化打分评价（满分 5 分）发现，游客对沙溪旅游各项建设的整体评价较高（图 6.17），各项平均分高达 4.16 分。其中，评价较高的有古镇整体特色、旅游氛围、绿化环境、滨水空间的保护、街区特色和历史建筑的保护等，而对商业购物特色、夜生活、标志系统等的评价较低。

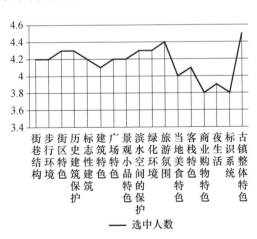

图 6.17　游客对沙溪古镇旅游各项建设的评价（来源：夏静绘）

整体来看，游客对沙溪旅游建设的整体评价较高，这对沙溪的旅游发展具有较积极的影响。扩大对外宣传效应的同时，也进一步加快了高质量的旅游城镇化发展，让原住民也能逐渐摆脱贫困。同时，游客的增多也会带来一些负面影响，如旅游黄金周期间暴涨的游客让交通、住宿拥挤不堪，空间环境质量变差等。如何权衡旅游带来的积极影响和消极效应，对沙溪的可持续发展尤其重要。

### 6.2.3  游客行为与特色空间的相互影响

游客从出行那一刻开始，就不断地经历着"场"的变化，随着物理场的迁移和变更，旅游者的心理场也在变化[3]，最终带来游客行为的变化。游客是旅游地主要消费者和空间使用对象，也是旅游地容器中的特殊语言，游客行为对空间有再设计、再生产的过程，同样，空间的变化也会反过来影响游客行为。正如布莱恩·劳森所说，"人们依靠空间去创造适合特定活动的场所，并告诉人们它是个什么空间，我们具有自己的方式使空间具备意义"[4]。

#### 1. 游客行为与特色街巷空间的相互影响

游客在特色街巷空间中停留的时间越长，聚集程度越高，游客的行为也就越丰富。游客在特色街巷空间中主要有团队游客和散客两种类型，其主要行为有游览、拍照、购物、吃美食、休憩、交往等。其中，在主街巷内的游客行为更加丰富（表6.3、图6.18）。

表 6.3  案例地特色街巷空间游客行为观察结果

| 时间段 | 沙溪镇寺登街主街巷 |
| --- | --- |
| 8：00—10：00 | 人数不多，一部分游客坐在街巷两侧休憩，一部分游客游览经过 |
| 10：00—18：00 | 游客数量逐渐变多，一部分游客在两边店铺购物或用餐，一大部分游客在街巷游览，个别游客在街巷水渠旁洗手，个别游客骑着马游览 |
| 18：00—20：00 | 游客没有白天多，一部分游客在街巷两边休憩、聊天，一部分游客经过 |

来源：夏静调研整理。

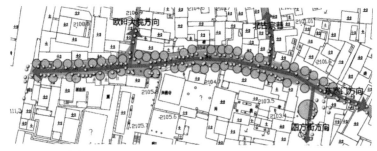

沙溪镇寺登街主街巷在10：00—17：00的游客聚焦与活动

主街巷旁购物的游客

主街巷旁休息的游客

图 6.18 寺登街主街巷中的游客活动与聚集（来源：夏静摄）

（1）游客感知行为与特色街巷空间。游客出游前对沙溪镇寺登街的印象是千年古镇和茶马古道等整体感知印象，对具体街巷的感知较弱，从旅游凝视的角度来说，游客初步形成的旅游凝视是旅游小城镇的整体形象，而在实际感知中，游客对古街巷有了一定的感知，但是仍然无法感知具体的每一条街巷，这与街巷标志系统较弱，不明显，游客不能很好地区分每条街巷有关。

寺登东西向主街巷 $D/H > 1$，给游客空间开敞的感觉。街巷两侧的建筑都是商铺，道路旁有水渠和绿化带，街巷边界处还有较多的休憩座椅，为游客创造了适于停留的街巷空间，不仅在视觉上给游客清爽的感觉，泉水声还从听觉上反衬出了古镇的宁静。街巷的红砂石砖和碎石铺地让游客在视觉上更觉得古镇古朴特别，所以游客的停留和交往行为也加强了。寺登街的街道色彩以黄、白、灰为主，红色为辅，土黄色的夯土墙，灰色的砖瓦，红色的门窗柱构建，红砂石[1]的地面铺砖，总体色彩更加偏向于暖色调，给游客一种淳朴、温馨的感觉。

---

1 沙溪地区盛产红砂石，也将其作为建筑材料。

游客游览行为与特色街巷空间。寺登街主街巷很少出现游客过多而拥挤的情况,因为主街两侧的建筑每隔几栋就有一个开口,能有效疏散人流,创造了游客虽然多但不会拥挤的街巷空间。此段街巷的游览环境良好,不仅街巷两边有水渠和绿化,增加了游客对此段街巷的依恋程度,增加了游客的停留时间,也丰富了游客的停留活动,进而增加了游客间交往的机会。

(2)游客消费行为与特色街巷空间。沙溪镇寺登街主街巷中的特色商铺较多,游客在此发生消费行为的机会也较多,同时,由于街巷空间两边有水渠和行道树,街巷整体环境较好,适于游客停留,因此游客的消费行为也增加了。游客在此段街巷的主要消费项目是购买纪念品、美食或是住宿。

(3)游客交往行为与特色街巷空间。沙溪镇寺登街主街巷的整体环境较好,很多游客在此街巷内停留、购物、游览、消费、休憩和照相等,游客停留的时间越长,发生交往的概率越高,特别是发生游客与游客间的交往行为,以及游客在消费时与旅游从业者的交往行为。此段街巷游客受原住民行为的影响较小,因为原住民的公共服务区和商业区都分布在核心保护区外围,所以,相对来说原住民行为对游客的影响较小,游客在主街巷中可以尽情享受沙溪的宁静氛围。

### 2. 游客行为与特色边界空间的相互影响

沙溪镇的黑潓江滨水空间是较有代表性的特色边界,游客在这些边界空间中主要发生感知、游览和交往行为(表6.4、图6.19、图6.20)。

表6.4 案例地特色边界空间游客行为观察结果

| 时间段 | 沙溪镇黑潓江滨水边界 |
|---|---|
| 8∶00—10∶00 | 游客较少,只有零星游客在滨水步道游览 |
| 10∶00—18∶00 | 游客逐渐变多,一部分游客在玉津桥处停留、休憩、拍照(约30人),一部分游客在滨水广场处游览、拍照、休憩(约50人),还有一部分游客分散在滨水步道上游览、拍照等 |
| 18∶00—20∶00 | 游客数量比白天少,游客主要在滨水广场、步道散步、聊天、休憩 |

来源:根据现场调研整理。

图 6.19　黑潓江边游玩的游客(来源: 夏静摄)　图 6.20　黑潓江边骑马的游客(来源: 夏静摄)

（1）游客感知行为与特色边界空间。游客在出游前对黑潓江的印象模糊，到实地游览后发现黑潓江滨水空间视野开阔，山水相间，农田环绕，风景秀丽，让人印象深刻。从游客的旅游凝视来说，游客在实际感知中产生了"黑潓江滨水边界空间"这一新的凝视对象。其景观与寺登街区的古朴、封闭形成了鲜明对比。滨水边界空间视野开阔，绿化率高，古老的玉津桥也衬托了寺登街的宁静古朴，让游客从寺登街出来进入滨水边界空间，心理上有了较明显的收放变化，眼前顿时豁然开朗。

（2）游客游览行为与特色边界空间。沙溪古镇的边界空间以滨水边界和农田边界为主，滨水边界景观环境良好，绿化面积大，滨水广场中也有不少游客休憩停留，林间小路的铺设较有趣，较多游客沿着林间小路欣赏滨水景观，也有游客从广场旁的亲水台阶下去玩水，连接黑潓江两岸的玉津桥上也很适合停留观赏和拍照。总体来说，滨水空间游客较多，停留时间较长，很多游客甚至会在夜间去黑潓江边散步。

（3）游客交往行为与特色边界空间。沙溪古镇的滨水空间是以黑潓江滨水公园的方式呈现，精心布置的绿化景观、亲水台阶、林间小道让滨水边界空间变得丰富有趣，从而增加了游客停留的时间，间接促进了游客的交往行为。

### 3. 游客行为与特色节点空间的相互影响

游客在特色节点空间中停留的时间较长，聚集程度较高，所以游客的行为也较丰富。通过观察发现游客在四方街、玉津桥及其周边、黑潓江音乐广场等节点空间游客聚集程度较高，停留时间较长，主要行为有游览、购物、餐饮、休憩、拍照、骑马、聊天交往等（表6.5、图6.21~图6.23）。

表6.5 案例地特色节点空间游客行为观察结果

| 特色节点 | 8：00—10：00 | 10：00—12：00 | 12：00—14：00 | 14：00—16：00 | 16：00—18：00 | 18：00—20：00 |
|---|---|---|---|---|---|---|
| 四方街 | 游客较少，只有零星游客在游览 | 游客增多，游览、购物、休憩、停留、拍照（约200人） | 游客较多，有的休憩乘凉，有的在周围店铺喝茶、聊天、用餐 | 游客增多，游览、购物、休憩、拍照（约200人） | 游客较多，在这里聚集、停留、用餐 | 游客较多，在这里吃夜宵、喝酒、聊天等（约100人） |
| 玉津桥 | 游客较少，只有零星游客在游览 | 游客增多，聚集、停留和拍照（约40人） | 游客减少，多数去寺登街用餐、休憩 | 游客增多，在这里聚集、停留和拍照（约60人） | | 游客较少，个别人在这里停留乘凉 |
| 黑潓江音乐广场 | 游客较少，只有零星游客在游览 | 游客增多，休憩、游览、停留、拍照等 | 游客减少，多数人去寺登街用餐、休憩 | 游客逐渐增多，很多游客在这里聚集、停留和拍照 | | 游客较少，个别游客在河边散步 |

来源：夏静调研整理。

沙溪镇四方街广场在14：00—18：00的游客聚集和活动　　四方街广场中心拍照的游客

图6.21 四方街广场游客的聚集和活动（来源：夏静摄 / 绘）

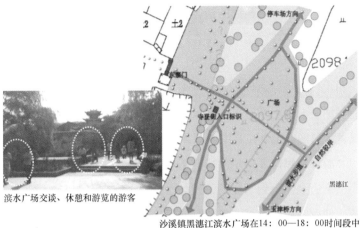

滨水广场交谈、休憩和游览的游客

沙溪镇黑潓江滨水广场在14：00—18：00时间段中的游客聚集和活动

图 6.22 黑潓江音乐广场中游客的聚集和活动（来源：夏静摄）

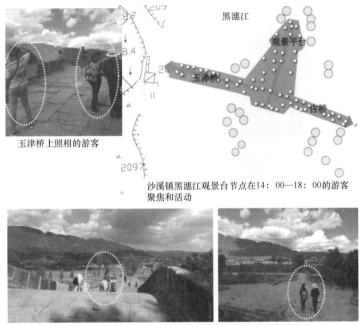

玉津桥上照相的游客

沙溪镇黑潓江观景台节点在14：00—18：00的游客聚焦和活动

玉津桥上骑马游览的游客　　　观景台上游览的游客

图 6.23 玉津桥节点中游客的聚集和活动（来源：夏静摄）

（1）游客游览行为与特色节点空间。四方街是沙溪比较突出的节点空间，$D/H > 2$，开阔宽敞，周边建筑高低错落，形式变化丰富又协调统一。很多游客在此休憩、拍照，游客行为活动也较丰富多样。旅游黄金周时沙溪游客较多，四方街周围建筑前的台阶也成了二级座椅，坐满了游客，两边的游客也在观察中间行走游客的行为，本来安静的小镇很快热闹起来。游客对四方街的依恋程度较高，很多游客对沙溪镇的主要印象就是四方街，因为四方街中的古戏台、兴教寺、马店和古槐树等标志物意象也加强了游客对四方街空间的感知程度，进而增加了游客在四方街的停留时间和重游率，使得游客在游览途中会反复经过四方街并在其中停留休憩。

游客对黑潓江音乐广场的依恋程度较高，因为游客从寺登街东寨门出来后会体验到明显的空间场所变化。滨水广场空旷宽敞、视野开阔，使游客在此节点的停留时间较长，重游率较高。游客的游览具有明显的边界效应，他们喜欢聚集在靠近水域的边缘休憩。

游客对玉津桥节点的依恋程度也较高，因为古朴的玉津桥和开阔的观景视野都让游客印象深刻，很多游客会在此节点休憩、观景，有的游客还会骑着马游览，游客在停留过程中的拍照行为较多。由于经过玉津桥才能去对岸游览，所以此节点游客的游览率较高，停留时间较长，重游率也较高。

（2）游客消费行为与特色节点空间。游客在黑潓江音乐广场和玉津桥的消费行为较少，主要是租马游览的费用，而在四方街中的消费行为较多，主要包括餐饮、纪念品和住宿费用等。由于停留时间较长，很多游客在四方街旁商铺外的桌椅上喝咖啡、喝茶，一边休憩、一边聊天，还可以看到过往游客的活动。在其他游客眼中，这些人同时也是四方街中的风景，加强了节点空间的内聚吸引力。

（3）游客交往行为与特色节点空间。游客在四方街中的交往行为较丰富，主要是与其他游客和旅游从业者间的交往。四方街的整体氛围为游客交往提供了机会，四方街中的古榕树枝叶繁茂、树根粗壮，给游客一种年代感，沿街的建筑如马店、古戏台、兴教寺等增添了这种沧桑感。四方街中的路灯、休憩座椅都经过精心设计，与周围环境高度融合，特别是四方街的夜景，暖黄色的灯光，配上稀稀落落的游客脚步声和聊天声，这些都让游客感受到四方街的宁静、古朴、与世无争。这种独特的空间氛围吸引了很多游客在四方街聚集停留，游客间交往的机会也就增加了。

游客在黑潓江音乐广场和玉津桥的交往行为主要是游客之间的交流，包括请求其他游客帮忙拍照，或是聊天、咨询等。

### 4. 游客行为与特色标志物空间的相互影响

（1）游客感知行为与特色标志物空间。游客在出游前感知沙溪镇标志物印象最深刻的是古戏台和寨门，其次是古桥和兴教寺，而在实际感知中游客对这些标志物的意象再次加强，甚至会对这些标志物的可识别性重新排序（图6.24）。

戏台旁茶歇拍照　　兴教寺入口雕塑　　东寨门界定了古镇边界　　玉津桥拍照游客

图6.24　标志物空间中的游客行为（来源：夏静摄）

东寨门给游客的感受是从繁华喧闹的集市到开阔宁静的滨水空间的过渡，再加上寨门古朴而原始的造型与材质，让游客印象深刻。古戏台的层高和建筑造型非常突出，符合游客的视觉感知，是游客心中印象较深刻的沙溪标志物。兴教寺前雕像面部狰狞，给寺庙带来了不少神秘感，吸引了不少游客进入参观。玉津桥本身造型的古朴，桥面上古老的石板给游客一种年代感，再加上它与马帮、茶马古道的联系，让游客觉得玉津桥也是茶马文化的体现。

（2）游客游览行为与特色标志物空间。游客对古戏台、兴教寺、东寨门和玉津桥等特色标志物空间的依恋程度较高。这些区域也组成了游客在寺登街的主要游览路线，游客们会反复游览这些区域，停留时间较长，拍照或者交谈的行为活动较多，增加了游客之间、游客与当地村民之间社交的机会。人群的聚集有一种虹吸效应，越是人多的地方，越能吸引更多的人群来此活动。同时，在这些人群聚集的公共空间中也更容易形成"人看人""围观"等行为活动方式，起到信息交流、文化交流的作用。

（3）游客交往行为与特色标志物空间。游客在古戏台、兴教寺的主要交往行为发生在游客或旅游从业者之间的，游客进入兴教寺参观，需要买票进入，参观中会与其他游客交流或者询问，在这些古建筑周围，游客会请求其他游客为自己拍照，这些交往行为让标志物空间及其所在的节点空间变得更加有内聚力，吸引更多游客。

游客在东寨门和玉津桥的主要交往行为发生在游客之间，因为这些标志物附近没有商业消费，也就少了游客与旅游从业者的交往，但可能会与村民有交往，游客会向村民问路咨询，但主要还是游客间的交谈、请求拍照或是问路等。另外，游客在玉津桥停留的时间较长，也会增加游客的交往机会，虽然东寨门作为一个出入口游客停留时间较短，但是游客会在东寨门附近的街巷或音乐广场上停留也间接增加了游客在其附近空间中的交往机会。

# 6.3　当地村民与公共空间的相互影响

游客虽然是沙溪古镇的主要消费者，但是由于停留时间短，只是古镇的过客，而村民才是古镇公共空间的最早营造者和使用者。村民作为沙溪古镇的文化核心，甚至很多游客到此游览目的之一是为了体验当地的民俗风情，感受村民在特色空间中的日常活动，体验与自己生活环境不一样的生活状态。因此，沙溪古镇特色空间构建只有首先考虑满足当地村民的行为需求，才能留住特色空间中的文化灵魂，进而吸引游客，让游客体验古镇的鲜明特色，在游客心中形成独特意象，接着将其推荐给亲朋好友，吸引下一批游客前来游玩。通过旅游产业的推动，给沙溪古镇的建设注入新的活力，实现经济的发展、人才的回流、文化的传承和乡村的复兴，为沙溪未来的可持续发展奠定基础。

## 6.3.1 当地村民在特色空间中的行为

沙溪古镇的村民行为更接近带有浓厚情感关系的传统社区，街坊邻里之间经常走动，而街头巷尾、河边桥头正是村民们喜爱的公共交往场所。

按照杨·盖尔对公共空间行为的分类，特色空间行为可以分为必要性行为、自发性行为和社会性行为 3 类（表 6.6）。

表 6.6　原住民在特色空间中的行为分类表

| 原住民空间行为分类 | 具体行为 | 主要发生空间 |
| --- | --- | --- |
| 必要性行为 | 洗衣服、洗菜、晾衣服等 | 街巷和滨水边界空间 |
| 自发性行为 | 休憩、织毛衣、吃饭、建房等 | 街巷、边界、标志物和节点空间 |
| 社会性行为 | 交谈、下棋、跳广场舞等 | 街巷、边界、标志物和节点空间 |

来源：夏静调研整理。

### 6.3.2　特色空间与当地村民日常生活的相互影响

旅游业发展程度直接导致了村民行为与特色空间的相互影响程度，旅游发展程度越高，二者的相互影响越大，反之亦然。

沙溪古镇居民为增加个人收入，很多人参与到旅游业中，如很多原住民在寺登街入口处摆摊设点，售卖具有当地特色的食物。受到游客影响，传统木雕产品在旅游产业的推动下进行了创新性发展，出现了汽车、飞机模型等衍生产品来迎合游客的需求。受到当地茶马文化的影响，村民还通过向游客提供马匹骑行的服务获得收入。

古镇的特色空间曾经是原住民的空间，如今是游客的空间。随着旅游业的发展，特色空间中的主客矛盾日益突出，特色空间中游客的行为也影响了原住民的生活。以四方街为主的沙溪古镇核心保护区让渡给游客，院落业态主要有零售、餐饮、客栈等，原住民出租或出售原来的房子，自己则搬迁到古镇的外围区域建房居住，增加收入的同时也减少了游客对其日常生活的干扰（图 6.25~图 6.27）。

图 6.25　村民提供的骑马体验　图 6.26　新旅游商品的开发　图 6.27　村民改建、新建民居

# 6.4 旅游发展对社会空间的影响

## 6.4.1 社会主体演变

### 1. 社会主体在旅游发展中的变迁

社会主体是指处在一定社会关系中从事实践活动的人及其群体。村镇在旅游发展与建设过程中受到多方利益相关者的影响，同时他们也是村镇的社会主体。沙溪在旅游发展过程中村镇各类社会主体相互作用，改变了原来稳定的社会结构。在旅游发展前和起步时期，本地村民是沙溪的社会主体。随后，寺登街迎来了一批国内"驻客"，他们以游客和居民的"双重身份"生活在沙溪。后来，随着沙溪旅游业的发展，越来越多的外来商户进驻，旅游业得以发展，沙溪的社会主体因此经历了本地村民—"驻客"—游客—外地经营者（旅游企业）的变迁过程（图 6.28）。

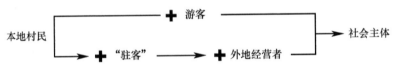

图 6.28 沙溪社会主体变迁图

### 2. 各社会主体特征

沙溪的社会主体由本地村民、"驻客"、游客、外地经营者（旅游企业）和政府构成。考虑到政府主要扮演决策者和规划者的角色，且与其他四者之间的关系较为间接，因此暂不讨论。

首先，从本地村民角度来看。他们是村镇发展的主体，是规划实施的执行者，也是最终的受益者。旅游给他们带来了直接的经济利益，改变了他们的生活方式和行为意识，但同时也造成了生活成本提高、环境污染等问题。总的来说，本地村民是旅游发展的获益主体。其次，从"驻客"角度来看。他们是来自经济发达地区，高度独立，并且具有高学历、高收入、高素质的一群人[5]。因此，经济利益并不是他们"驻留"的主要原因，而是为了追求一种悠闲的生活方式，一种更自由的精神享受。再次，从游客角度来看。他们的游览兴趣是社会物质空间演变的方向。游客总是倾向于前往旅游资源独特、丰富的区域，同时游客是此区域的主要消费者，是主要的经济来源。最后，从外地经营者或旅游企业的角度来看。他们是本地村民和"驻客"的竞争者，他们往往更看重自身的经济利益，实力雄厚，"强制性"地对旅游资源进行开发和使用一定程度上打破了原有的稳定环境。

### 6.4.2　社会实践空间演变

游客是村镇旅游的消费者，也是旅游经营者的主要经济来源。因此，为了满足游客的各项需求、吸引他们的到来，村镇内大量空间被改造，低效的土地利用和活动内容被高收益的土地利用和活动内容所取代。

古镇旅游资源的开发转变了村民对老房子的价值认知，本地居民将自家的老宅进行改造，既能满足自身居住的需求，又能进行商业经营。在发展旅游过程中，原始居住空间逐步向商业空间转变，其中旅居混合的空间越来越多，民居功能由以村民生产生活为主转变为面向游客消费体验为主，居住空间和商业空间的边界逐渐模糊化。

随着沙溪旅游业的发展，这种传统居住空间逐步向商业空间转型，是一个必然的过程。居住空间转型多分为居住转型餐饮、居住转型客栈、居住转型零售、居住转型混合四类（见本书5.8.2）。

随着沙溪旅游业的发展，为满足居民、游客等各类社会主体的需求，政府通过改造、拆除重建、新建等方式，对公共建筑空间进行重组，土地性质和空间活动由传统功能向旅游功能变迁（表6.7），主要有小学、粮管所、供销社、兽医站、城隍庙等。

表 6.7　沙溪公共建筑空间功能变迁表

| 公共建筑 | 第一阶段变迁 | | 第二阶段变迁 | |
|---|---|---|---|---|
| | 结果 | 方式 | 结果 | 方式 |
| 沙溪小学、派出所 | 兰林阁酒店 | 拆除重建 | — | — |
| 粮管所 | 土特产品和手工艺品商场 | 改造 | 酒店（尚未实施） | 拆除重建 |
| 供销社 | 旅游服务中心、沙溪宾馆 | 拆除重建 | — | — |
| 兽医站 | 兰林阁酒店（二期） | 拆除重建 | — | — |
| 城隍庙、鳌凤小学 | 沙溪社区中心 | 改造 | 茶马古道体验中心（含新建茶马古道博物馆） | 新建 |

原有的沙溪小学（紧邻寺登街核心位置）被拆除，在原址新建了兰林阁酒店，用地性质发生了变化。小学置换为酒店，一方面满足了游客的需求，另一方面校园选址新建，师生有了更好的工作环境和学习环境。精品酒店的建设为沙溪的旅游业带来了好的影响，优秀的设计在突显沙溪本土文化、最大化保护沙溪历史风貌的同时，又提升了区域的品质。

位于镇区南部的城隍庙一直是村民的精神活动中心，吸引着周边村民前来烧香祭拜。一年一度的城隍庙庙会和不定期的民俗活动不仅是本地村民的乐事，同时也吸引了众多游客参与体验。在当地政府的支持下，开发部门利用已经废弃的鳌凤小学并结合城隍庙，使之成为带动社区活动和旅游服务的社区中心。2017年，在社区中心旁边新建了茶马古道博物馆，以文化遗产城隍庙为基础，依托茶马古道遗址，打造集展示、餐饮、市集等多种功能于一体的参与性文化体验中心。新建的茶马古道博物馆因地制宜，利用原有的城隍庙，使新旧建筑相得益彰，同时又与周边自然环境相融合，形成良好的生态系统。

### 6.4.3 社会精神空间演变

#### 1. 村民的地方感重塑

Tim Cresswell 认为，"地方感是指人类对于地方有主观和情感上的依附"[6]。沙溪的独特性凝聚着本地村民的地方感。但是随着沙溪旅游的发展，本地村民，尤其是生活在受旅游影响较大的古镇区的本地村民，他们的地方感正在发生改变。

"驻守村民"的地方依恋感减弱。根据《沙溪历史文化名镇保护与发展规划》（2004年）中居民对旅游开发的意见和建议整理统计得知，虽然村民通过旅游增加了经济收入，并同意自己的居住地成为旅游区，但约70%的本地居民仍旧选择"驻守"老区，拒绝搬迁到新区居住。随着旅游业的发展，部分"驻守村民"的地方依恋发生改变，对古镇的依恋感逐渐减弱。与2004年的调研结果不同，2013—2014年，至少四五十户本地村民在古镇外围新建了房屋，村民大规模外迁，放弃了原本在古镇里的生活。

"老房子早就租出去了，这两年刚盖好的新房子比之前的大多了，也宽敞，我们一家都住这儿，新房子挺好的，住得舒服。"一位40岁左右的本地男性居民说。

"外出村民"的地方归属感增强。在实地调研中发现，一部分沙溪旅游经营者曾是"外出村民"。他们出生于沙溪，之前在外地工作，后来随着沙溪旅游的发展，他们看到了家乡的价值，于是放弃外地的工作，选择回到家乡发展和生活。

"我当初离开家去上学的时候，本想靠自己的能力在外面发展。但后来沙溪发生了这么大的变化，家人都劝我回来，这样既能照顾家里人又能发展事业，两不耽误，挺好的事情。人总是要落叶归根啊！于是我就决定回来。家乡挺好的，现在我哪也不去了。"一位33岁的本地男性客栈老板说。

上述这样的沙溪人有很多，他们都是受到家乡旅游发展的影响，放弃外出而选择回归。这些"外出村民"在感受城市生活后回归家乡，对家乡的认知更为深刻，归属感得到加强，在他们眼中，家乡的一切显得更加珍贵。

## 2. "驻客"的价值认同消失

据了解，在沙溪，"驻客"大多是为了逃避城市喧嚣、厌倦大城市快速的生活节奏、或以享受生活为目的来到沙溪创业。他们所看重的是沙溪的自然环境、人文环境和让人舒适的田园生活方式。然而，随着旅游业的发展，沙溪的状态不再完全符合"驻客"的价值追求，部分"驻客"离开了沙溪。出现这种现象的原因是沙溪的旅游发展导致沙溪的人越来越多，与之前的静谧优雅相比有了很大差距，于是走了一批"驻客"。但那些选择继续留下的"驻客"，仍对沙溪抱有希望。

"感觉这里没有原来那么好了，太吵了。也许就是各种人太多了吧，总之没有我刚来的时候安静了，这可能就是旅游带来的结果吧，我也没有办法。当时和我一起来的朋友陆陆续续走了好多，我觉得我也有可能离开这儿，但不是现在，因为现在我还舍不得离开，毕竟已经来了5年了。反正我现在还没想好怎么办，到时候再说吧，说不定沙溪还会变好，我还不走了呢！"一位30岁左右的湖南女性客栈老板说。

### 3. 村民的意识行为转变

村镇的主体是本地村民，随着旅游业的发展，本地村民在逐渐摆脱贫困的同时受到旅游现代化的影响，他们的社会观念、思想意识和生活方式等发生了转变，这种转变往往是由于游客的"示范"作用和村民的"模仿"产生的。

村民在客栈经营方式方面向"驻客"学到了很多经验，能够更主动地接受外界的思想，思考游客的需要，发掘自身的地方文化。在经营过程中，学会了支付宝和微信这类电子支付方式，积极与游客的行为习惯接轨，同时他们的消费观受到外界影响，有了投资的意识。但与此同时，新一代的年轻人盲目模仿外都市人的生活方式，追求"享受文化"，造成了一些不良影响。

### 4. 游客的兴趣特征分异

游客的旅游兴趣具有变化性，随着游客的游览经历不断丰富，他们的游览兴趣也随之改变。前往沙溪旅游的游客几乎都被这里的历史建筑所吸引，尤其是古戏台和兴教寺，已然成了沙溪的文化标志。然而，不同的游客有着不同的游览兴趣，对沙溪提出了更多的要求。

"我是听朋友介绍来这里的，感觉还不错，挺安静的，人也不多，我们家那儿没有这种村子，我挺喜欢这儿，真想多待几天。"20岁左右的青岛女性游客说。

"说实话我感觉和丽江差不多，就是人少点，安静点，房子差不多，卖的东西也都一个样。而且这地方太小了，我们一会儿就逛完了。准备吃过午饭就去大理。"26岁的青岛男性游客说。

## 6.4.4 社会结构演变

### 1. 社会主体对空间的使用和建设

各类社会主体在村镇旅游与发展中以不同的身份和角色开展各种

活动，通过对村镇空间的建设和使用影响村镇的空间形态。

本地村民是空间的使用者和建设者。村民的衣食住行等各类社会、经济活动都需要村镇物质空间做载体。

游客是空间的"使用者"和"间接建设者"。游客的"吃、住、行、游、购、娱"都要以物质空间为载体，同时，游客的"旅游反馈"往往能为旅游地的旅游发展与空间建设指明方向。

"驻客"既是村镇空间的直接使用者和建设者，也是"间接建设者"。"驻客"具有游客和本地村民的双重身份，他们在重构自我认知的同时影响着移居地的空间演变。

外地经营者（旅游企业）是空间的建设者和竞争者。他们通过获得城镇空间的建设开发权直接参与村镇空间建设。随着旅游的发展，越来越多的外来商户进驻，将更大限度地影响空间的演变。

### 2. 各社会主体间利益诉求的碰撞

社会结构的改变会打破村镇各社会主体的利益分配机制，从而引发利益冲突。在各社会主体利益诉求发生碰撞的过程中利益平衡若被打破，村镇的空间发展将不可持续。比如过分追求经济利益将会牺牲其他方面的利益；单方面强化旅游职能会忽略居民的生活需求。因此，村镇的健康发展取决于各社会主体在旅游发展与空间建设中的利益分配。

## 6.4.5 社会空间演变特征

旅游发展带动了城镇（包括村镇）人口和社会等要素的演变。在旅游的影响下，沙溪社会空间有以下演变特征：首先，旅游影响下，人的需求变化是空间演变的原动力。因此，政府或规划师在进行空间规划决策过程中要充分考虑社会主体的需求，充分做好村民的调查研究，做到"对症下药"；其次，村镇内部功能演变要适应旅游发展。随着社会主体需求的变化，低效利用的土地和活动内容被更高价值的土地利用和活动内容所取代，建筑功能发生改变。最后，社会主体和社会空间的演变相辅相成。各类社会主体在影响村镇物质空间演变的同时，自身在空间里的社会关系、生活方式、意识行为以及他们对村镇的主观感受都处于不断的变化中。

## 6.4.6　旅游中的主客互动类型

沙溪旅游的发展促进了本地村民与外来游客的交流，对当地的社会生活产生了深远影响。许多游客通过信件及邮寄照片的形式与当地村民保持着很好的沟通与联系，促进了当地民族文化与外来文化的交流。游客的这种行为折射出游客对沙溪风土人情的喜爱，一定程度上改变了当地人的价值观，激发了他们的民族自豪感，使他们更珍视当地传统文化。

由于沙溪外国游客很多，因此许多从事旅游的店主都会一些基本的外语，一些提示标语也有多种语言。同时还出现了迎合外国口味的餐饮，如：意大利面、奶酪等（图 6.29~图 6.31）。

图 6.29　游客来信　　　　图 6.30　迎合游客的双语指示牌　图 6.31　外国游客与本地人交流

旅游本质上是一个旅游地各社会主体的社会交往过程，其中社会主体主要分为以当地政府、当地居民、当地旅游经营者组成的东道主，以及游客构成的客人。东道主与客人发生"不同程度的主客交往"，"文化也就出现了双向的传播和互动"[7-8]。

根据东道主与游客的交往、互动程度及层次不同，可以将互动分为空间感知型主客互动、短暂交易型主客互动、深度体验型主客互动3 个层次。

1. 空间感知型主客互动

空间感知型主客互动是最基础的主客互动关系，游客通过单方面的旅游观光、空间游览感受沙溪文化。游客与东道主之间可以没有语言仅用目光交流，对于没有参与旅游经营的本地居民来说，他们处于被动的感知状态，有时候并不想自己的生活被过多打扰。对于其他东道主来说，存在一个主动求感知的期望，通过招牌、经营口号、商品展示等多种方式来增强游客发生进一步主客互动的欲望。

2. 短暂交易型主客互动

短暂交易型主客互动关系主要体现在旅游商品交易、餐饮服务过程中的行为互动、语言互动等[9]。游客与东道主通过短时间的互动交流进行文化互动。游客通过东道主提供的手工艺品种类、样式，菜品的种类、做法很好地了解沙溪的历史文化及餐饮文化。反之，东道主也可以通过游客的就餐方式、商品购买倾向调整互动的媒介。

3. 深度体验型主客互动

深度体验型主客互动是深层次的文化双向传播和互动过程，主要发生在民宿体验、大型节庆活动及文化交流互动过程中。民宿客栈体验过程中，住客通过与客栈老板的交谈、长时间感受沙溪本地旅游经营者的生活方式来了解居住文化，同时本地居民也可以通过游客的生活方式、习惯等了解外来文化。一些大型节庆活动也开始出现商业化的情况，游客旅游动机除了对旅游地休闲、生态元素的考虑，更重要的是对异文化的体验。因此沙溪每年旅游旺季除了七八月学生假期，还有传统节日火把节、太子会、石宝山等白族重要节日。通过这些节庆活动，游客可以获得不同文化的体验，东道主也可以获得文化展示及接受新鲜文化的机会。良好的主客互动关系是旅游与古镇可持续发展的基础。

# 6.5 利益相关者博弈与空间重构

## 6.5.1 利益相关者理论

利益相关者（stakeholder）理论的来源最早可追溯到 20 世纪 60 年

代西方的管理学。该理论认为，对企业来说，其生存的目的并非仅仅为股东服务，在企业周围还存在着许多关乎企业生存的利益群体，如果没有他们的支持，企业同样无法生存。20 世纪 80 年代之后这一理论迅速扩展，并影响到西方发达国家对公司治理目标的完成和企业管理方式的转变。后来 Freeman（1984）的《战略管理：一种利益相关者的方法》一书的出版，被学术界认为是利益相关者理论正式形成的标志。在这本书中，Freeman 认为，"利益相关者是能够影响一个组织目标的实现，或者受到一个组织实现其目标过程影响的所有个体和群体"[10]。

利益相关者理论将企业的本质定义为利益相关者的契约集合体，他们是公司真正有某种形式的投资并且处于风险之中的人，包括股东、员工、债权人、顾客、供应商、竞争者、国家等。目前，对利益相关者进行分类的方法，国际上比较公认的是多锥细分法和米切尔评分法。前者代表人物有 Freeman、Frederick 和 Wheeler，主要侧重从不同的角度根据不同的属性对利益相关者进行细分；后者是由美国学者 Mitchell 和 Wood 于 1997 年提出来的，它将利益相关者的界定与分类结合起来共同研究[11]。

20 世纪 80 年代中后期，该理论被引用到旅游学领域，"利益相关者"在《全球旅游伦理规范》中提出，标志着利益相关者的概念在旅游学中正式获得官方认可。张广瑞教授将此规范进行了翻译，并发表在《旅游学刊》上，揭开了利益相关者理论在中国旅游研究领域的新篇章。最初，大多数研究聚焦于界定利益相关者的范畴、识别、分析以及促成有效合作的前提。

赖安（Ryan，2002）提出旅游经营者在从事旅游开发经营活动过程中涉及 12 种利益相关者：员工、游客、居民、压力集团、其他旅游企业、国家和政府、宾馆酒店、股东、旅游代理商、地方政府、促销中心和媒体[12]。张伟、吴必虎（2002）把利益相关者理论运用到四川省乐山市旅游发展规划中，并对不同利益相关者的旅游意识和利益表达进行了定性与定量分析；讨论并提出了"利益相关者"理论在中国区域旅游发展规划中的应用途径[13]。代则光、洪名涌（2009）认为，乡村旅游中社区居民与政府、开发商等利益相关者的博弈行为，可使利益相关者之间的博弈过程沿着多赢的目标前进，最大限度地满足各方的利益要求。政府应发挥主导、协调作用，在公开公平的制度框架内满足各方利益，建立有效的行为监控机制。开发商要完善利益分配、保障机制，鼓励社区居民参与社区旅游的发展[14]。赵静（2019）选取乡村旅游核心利益相关者利益为研究对象，围绕核心利益相关者界定、利益分析、利益冲突、利益博弈等问题展开研究，尝试构建乡村旅游核心利益相关者利益协同机制[15]。

## 6.5.2 利益相关者角色

党的十九大报告中提出了"乡村振兴战略"，并把它作为贯彻新发展理念、建设现代化经济体系和实现"两个一百年"奋斗目标的重要保障。随后出台了《乡村振兴战略规划（2018—2022年）》，强调要把实施乡村振兴战略摆在国家大政方针的优先位置，乡村的发展建设迎来了新时代和新契机。

在众多乡村发展路径中，旅游产业对乡村经济发展积极的促进作用得到广泛认同。尤其是对于区位欠佳、经济落后，但生态环境良好、民族文化丰富的地区，发展乡村旅游是一种能尽快改善乡村经济落后状况的首选思路。根据中国政府网的新闻数据，2017年，全国乡村旅游达25亿人次，比2016年增长16%；2018年，全国休闲农业和乡村旅游的营业收入达8000亿元，接待人次达30亿人次。乡村旅游作为实现乡村振兴战略的一种重要路径[16-17]，在促进农民就业增收、解决"三农"问题、实现区域可持续发展和小康社会建设方面发挥着重要作用。

在乡村旅游形成较好市场价值与发展空间的同时，也吸引了众多利益相关者参与其中。但是，由于各方利益相关者的利益诉求不尽相同，就容易出现难以达成合作共赢的目标，甚至存在矛盾冲突的情况，最终导致文化资源挖掘不深、经济效益提高不大、村民参与积极性不高、旅游产品同质严重、游客体验品质下降等问题。因此，深入研究利益相关者的诉求，协调他们之间的利益关系，是发展乡村旅游的重要内容。目前，乡村旅游利益相关者主要包括4类：当地政府、旅游经营者、当地村民和游客。

## 1. 当地政府

作为行政管理方的各级政府，对乡村旅游的发展重视程度越来越高，介入程度也不断加深，是乡村旅游核心利益相关者中的重要一环。各级政府管理机构通过制定政策、确立规划、实施激励、树立形象等多种途径影响旅游发展。他们既是乡村旅游的倡导者、开拓者，也是乡村旅游蓬勃发展时期的监督者、规范者，又是乡村旅游发展成熟时期利益关系的协调者、平衡者。

随着乡村旅游产业的进一步发展，当地村民的经营思路逐步拓宽，市场竞争愈发激烈，因制度供给不足而引发的"公地悲剧"、利益纠纷等现象日益突出，因此乡村旅游发展中需要政府力量介入。当地政府作为项目开发主体，在集中财力、人力、物力、对外沟通和招商引资等方面发挥着积极作用，并在乡村旅游探索中不断制定发展政策，引导企业投资，规范旅游行业标准及协调利益相关者之间的利益纠纷等 [18]。

## 2. 旅游经营者

旅游经营者主要包括 3 类：大中型民营企业、"驻客"和个体经营者。

（1）以雄厚资本注入旅游开发的大中型民营企业。这类企业和公司在旅游开发中不惜注入人流、物流、信息流、资金流，为扩展当地旅游空间提供技术支持、完善旅游基础设施，为打造当地旅游品牌不断加大宣传力度，为提高景区服务质量引进先进的管理经验、管理模式；另一方面，这些企业又是整合旅游资源、经营旅游产品的主体，推动乡村旅游产业走向正规化道路。

（2）外来旅游经营者"驻客"。沙溪还有以追求闲适、安逸生活为目的的"驻客"。他们以休闲为目的，自愿离开家到某地旅游并长期居住，以体验和享受不同生活方式的人。一般具有高学历、高收入、高素质的特征。所追求的不仅仅是一般的物质享受，更重要的是回归自然、古朴、纯真的精神家园，体验真正意义上的精神享受才是最重要的。所以他们宁愿放弃被世人羡慕的现代生活方式，保持与现代社会生活若即若离的状态。"驻客"投资的多为餐饮、咖啡屋、小酒吧，或是旅店、客栈之类的居住服务，要么就直接参与当地社区的一些建设项目，成为东道主社区的工作人员[5]。对这部分旅游经营者来说，精神上的追求比经济效益更为重要。

参与沙溪复兴工程的黄印武先生就属于典型的"驻客"。他因工作原因来到沙溪，并选择长期定居于此，实现自己的建筑理想。黄先生讲述自己在沙溪买房定居，是想用白族民居作为自己修复老房子的实验品，目的是设计出一间既保有白族传统民居的形式和艺术，又能和现代生活衔接的新民居[19]。

（3）以小资本投入的个体经营者。在沙溪旅游开发初期，越来越多的人看到沙溪的发展潜力，来沙溪投资经营的商人越来越多，房价翻了好几倍。当地村民已经不会轻易卖掉自己的老宅，而是以传统民居修复的模式进行改造，自主经营家庭客栈、茶室、餐厅等，主动参与旅游服务。由于个体资金有限、经营思路单一陈旧、管理水平不高，造成这类旅游服务水平不高，经济附加值较低。

### 3. 当地村民

乡村旅游资源不仅包括风景独特的生态资源，还包括少数民族村民在长期生产生活中形成的民风民俗、文化习惯等人文资源。首先，当地村民是旅游社区的主人。他们有权力参与乡村旅游资源的开发、经营与保护，参与旅游管理与利益分配，并且拥有对乡村旅游资源的优先使用权和受益权，并得到其他利益相关者的尊重。其次，村民是乡村旅游资源的一部分。作为乡村文化的"活态"载体，他们的言行、装束、习俗、信仰等承载着浓厚的地域文化，他们的生产活动、休闲活动及举止神态都有可能成为游客欣赏、拍摄、参与的对象。最后，当地村民是乡村旅游产业中的主要人力资源。作为民族旅游服务工作的主力军，他们从事歌舞表演、民俗展示等活动，为游客提供餐饮、住宿及民俗产品加工服务，是乡村文化真实性的源泉[20]。

### 4. 游客

旅游者是旅游活动的供需方，是旅游市场中旅游产品的消费者，是旅游活动开展的重要成员，一个旅游项目能否顺利进行下去取决于旅游者的满意程度，旅游经济效益能否实现与旅游者的消费结构、消费水平等紧密相连。随着游客素质的不断提高，对旅游产品的消费已经突破了一般的物质层面，开始追求在日常生活环境中无法实现的精神需求。游客分为团队游客和散客。沙溪古镇基于历史文化旅游的卖点，其游客类型以散客为主，旅行社组织的团队游客为辅。

### 6.5.3 利益相关者诉求

#### 1. 当地政府的利益诉求

沙溪本地政府主要包含剑川县政府、沙溪镇政府及下属各村委会三个层级，是旅游相关建设的直接决策人和协调人。当地政府在乡村旅游发展中的利益诉求主要表现在以下几个方面：经济上，借助乡村旅游产业的发展，增加财政收入，带动当地经济以及其他行业发展，促进当地群众就业，提高当地居民生活水平、生活质量；政治上，树立政府公信力及权威性，建立公平的利益分配制度，维护社会秩序稳定。文化上，通过乡村旅游开发提升当地社会道德水平，促进生态环境保护，弘扬民族优秀文化。政府介入乡村旅游发展，需要同时考虑经济效益、社会效益和环境效益等多重效益的叠加，从而推动和促进地区经济的可持续发展（图6.32）。

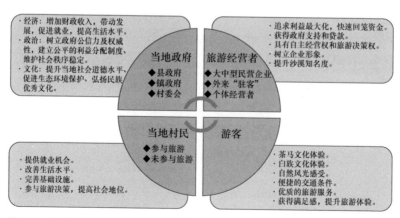

图 6.32 沙溪不同利益相关者的利益诉求

#### 2. 旅游经营者的利益诉求

沙溪的旅游经营者主要由大企业、"驻客"群体、个体经营者构成，如餐饮、客栈等个体旅游经营者和旅游开发公司等。旅游经营者是整个沙溪旅游发展的支柱，为沙溪旅游带来经济效益，也是当地财政税收的主要来源之一。对于旅游经营者来说，其利益诉求非常明确，即追求经济效益的最大化，快速回笼资金。获得政策扶持和贷款机会，具备自主经营权，并参与旅游决策。同时旅游经营者在经营活动中不可避免地对自然环境和人文环境产生一定的影响，因此也要承担一定的社会责任并解决环境问题，如提供就业岗位、完善基础设施建设、改善生活环境，以此来获取本地居民的信任，树立良好的企业形象等。

其中，"驻客"群体在沙溪是一个非常典型和特殊的存在。沙溪独特的乡土景观和民族文化氛围吸引了一批从游客转为长期定居的驻客人群，四方街魁阁戏台旁老槐树咖啡店老板张锡飞就属于其中之一。张锡飞退休前在深圳的设计院工作，退休后和妻子来沙溪旅游，被沙溪清幽的人居环境、浓厚的乡土文化、亲密的邻里关系所吸引，便决定长期定居于沙溪，于是老槐树咖啡馆在2006年正式开业。随着沙溪知名度的提升，很多外来餐饮得到了当地村民和游客的认可，咖啡馆成为游客与村民相互了解、认识的平台，大家畅聊各自的生活和所见所闻，从陌生人变成了熟悉的朋友，咖啡馆墙上贴满的明信片、照片、留言等就是最好的见证。张锡飞说沙溪的自然生态和人文环境是他理想的家园。沙溪已经成为一种独特的生活方式。因此，驻客作为旅游经营者中的一种类型，不仅是经济利益的满足，更是对沙溪乡土生活、民俗文化、生态环境的一种认可，对精神生活的一种追求。

### 3. 当地村民的利益诉求

对于沙溪当地的村民来说，不管有没有主动参与到旅游发展过程中，都会受到旅游发展带来的利益影响。直接参与旅游服务经营的本地村民，为旅游投入的是土地资源、建筑空间、自然资源，其基本利益诉求为在土地流转、搬迁拆迁过程中获得公平补偿，获得更多的就业机会和最大限度的经济效益。同时，还有保护自然环境，传承民族文化，优化人居环境。参与旅游决策，行使管理权和监督权，提高社会地位等方面的诉求。没有参与旅游服务经营的本地居民，也因旅游注入了生活环境、人文资源等无形资产，且一般处于被动状态。对于这部分村民来说，他们的诉求是增加就业机会，提高生活水平，完善基础服务设施。

### 4. 游客的利益诉求

游客是旅游服务供求关系中的"求方"，在所有利益相关者中占有相对主动的地位。不同的游客、不同的身份背景以及不同的旅游期望，其利益诉求也最为复杂。但是，乡村旅游产品的开发只有获得游客的认同并通过市场的检验才有可能获得长远的发展。因此，满足游客的诉求对乡村旅游发展意义重大。

总体来说，来沙溪的游客的利益诉求主要包括体验独特的茶马古道历史文化、白族民俗文化、自然和谐的田园风光；感受便捷的交通、优质的餐饮、住宿、购物等物超所值的服务；得到当地村民、旅游经营者以及政府的理解与尊重，从而获得满足感，提升旅游体验。

## 6.5.4 利益相关者与乡土建筑转型

当地政府、旅游经营者、当地村民、旅游者四种利益相关者基于不同的利益诉求，在沙溪传统建筑旅游适应性转型中扮演着不同的角色（图 6.33）。

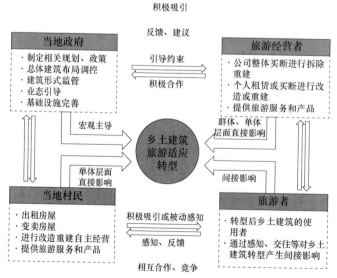

图 6.33 沙溪利益相关者与乡土建筑转型的关系（来源：黄成敏绘）

### 1. 当地政府对传统建筑转型的影响

当地政府对传统建筑的影响主要体现在宏观空间布局、业态引导层面。沙溪当地政府作为利益相关者中的重要角色，在传统建筑转型中起着主导作用。剑川县政府层面，通过主导和颁布一系列保护规划与政策[1]，对沙溪古镇传统建筑的保护、建设管理、风貌管理做出政策上的约束。此外，剑川县政府还通过设立沙溪寺登景区管理委员会，对沙溪古镇的相关建设、旅游经营活动进行审批和监管。沙溪镇政府层面，主要与沙溪复兴工程项目组合作制定相关保护规划[2]，对传统建筑进行修缮和保护，并赋予传统建筑新的旅游功能，同时政府还对建筑转型的形式、功能、业态做出引导。村委会层面，主要以旅游发展最普遍的寺登街村委会为主，其对乡土建筑转型的影响主要在居民建房、改造房屋的审批上，但在实际操作中，居委会管理力度较弱，甚至处于后知后觉的状态。

### 2. 旅游经营者对乡土建筑转型的影响

旅游经营者的基本利益诉求为经济利益，沙溪旅游经营者对传统建筑转型的影响主要分为两类：一类是以客栈、餐饮、零售服务为主的个体旅游经营者，他们一般采用租借本地居民房屋的方式对其进行一系列的功能、形式、装饰等方面的改造，使传统乡土建筑空间更适应旅游发展的需求，对乡土建筑的转型集中在微观的建筑单体层面。另一类是以兰林阁业为代表的民营企业，他们会选择征用原本闲置的大面积地块，如古镇核心区边的原小学，将原有的建筑拆除，然后进行统一规划，重新建设与传统建筑样式类似的高端客栈、餐饮服务建筑。以云南奥园文化旅游为代表的大型公司，他们负责沙溪古镇核心区游客中心、沙溪兴教寺复兴展览馆及文物展览馆、鳌凤集散中心

---

1　主要规划有《沙溪古镇（白族）发展总体规划》（2017）、《沙溪古镇（白族）修建性详细规划（2017）》、《沙溪传统村落群保护与发展规划（2015—2030）》、《云南剑川石宝山—寺登街旅游区旅游总体规划（2010—2025）》和《沙溪历史文化名镇保护规划（2004）》等；主要政策文件有《剑川县沙溪古镇保护管理办法》（2015）、《剑川县旅游资源保护建设管理委员会关于严格执行沙溪古镇建设规划管理实施意见》（2015）等。
2　如《沙溪历史文化名镇保护与发展规划》（2006）。

旅游综合体、茶马古道文化体验中心等项目的建设，为沙溪的发展注入新元素和新活力。因此，在保护其历史文化核心区的同时，周边地区的空间格局和建筑形式将有大的突破，这些大中型企业的介入将使沙溪的旅游发展有质的飞跃。

### 3. 当地居民对乡土建筑转型的影响

沙溪本地居民对乡土建筑转型的影响主要体现在建筑单体的层面。一方面，本地居民可以选择将自己位于核心区的房屋租借或者出售给外来旅游服务商，然后在北部下科村附近重新修建住宅。另一方面，本地居民也可以选择将自己的房屋进行改造，然后自己经营客栈、餐饮、零售等旅游相关业态。从经济效益上，本地人改造的客栈往往不如外来经营者占优势，外来经营者改造的客栈往往在氛围营造、现代设施融入等方面优于本地居民改造的客栈，而餐饮业则是本地居民经营的占有绝对优势，游客往往会从心理上主观地认为本地人经营的餐馆更地道。

### 4. 游客对乡土建筑转型的影响

游客本身不直接参与乡土建筑的转型过程，但其他利益主体本质上都是为了满足游客的旅游需求。因此，传统建筑的改造与游客的吃、住、行、游、购、娱紧密相关。旅游经营者会根据实时评价或网络建议等各种渠道来获取游客的喜好，调整建筑空间的形式、经营方式等。比如：沙溪完整的茶马古道风貌是吸引游客的一大亮点，那么经营者在进行建筑改造时就会考虑最大限度地保留传统茶马商贸时期的建筑形式，营造传统乡土氛围，迎合旅游者的兴趣爱好。沙溪入选2002 年世界建筑遗产名录后名声鹊起，在境外有一定的影响力和知名度，每年都有大量境外游客慕名而来。为满足境外旅游者的需求，沙溪出现了很多经营西餐、咖啡、酒吧的商铺，门牌广告也都以中、英文同时呈现，体现了沙溪的开放性和国际化发展趋势。

## 参考文献

[1] 昆明理工大学. 沙溪特色小镇创建方案（2017 年）[A].

[2] 夏静. 基于游客行为的大理旅游小城镇特色空间构建研究 [D]. 昆明：昆明理工大学，2016.

[3] 白凯. 旅游者行为学 [M]. 北京：科学出版社，2013.

[4] 布莱恩·劳森. 空间的语言 [M]. 杨青娟，等，译. 北京：中国建筑工业出版社，2003.

[5] 杨慧，凌文锋，段平. "驻客"："游客""东道主"之间的类中介人群：丽江大研、束河、大理沙溪旅游人类学考察 [J]. 广西民族大学学报（哲学社会科学版），2012，34（05）：46.

[6] Tim Cresswell. 地方：记忆、想象与认同 [M]. 徐苔玲，王志弘，译. 台北：群学出版有限公司，2006.

[7] 孙九霞. 旅游中的主客交往与文化传播 [J]. 旅游学刊，2012，27（12）：20-21.

[8] 陈莹盈，林德荣. 旅游活动中的主客互动研究：自我与他者关系类型及其行为方式 [J]. 旅游科学，2015，29（02）：38-45，95.

[9] 张机，徐红罡. 民族餐馆里的主客互动过程研究：以丽江白沙村为例 [J]. 旅游学刊，2016，31（02）：97-108.

[10] FREEMAN R E. Strategic Management：Astakeholder Approach [M]. Boston：Pitman，1984.

[11] 李敏. 乡村旅游中不同利益主体对乡村性的认知与保护 [D]. 青岛：青岛大学，2020.

[12] CHRIS RYAN.Equity，management，power sharing and sustainability：issue of newtourism [J] .Tourism Management，2002，23（1）：17-26.

[13] 张伟，吴必虎. 利益主体理论在区域旅游规划中的运用：以四川省乐山市为例 [J] .旅游学刊，2002，（4）：63-68.

[14] 代则光，洪名涌. 社区参与乡村旅游利益相关者分析 [J]. 经济与管理，2009，（23）11：27-32.

[15] 赵静. 乡村旅游核心利益相关者关系博弈及协调机制研究 [D]. 西安：西北大学，2019.

[16] 蔡克信，杨红，马作珍莫.乡村旅游：实现乡村振兴战略的一种路径选择 [J].农村经济，2018，（09）：22-27.

[17] 向富华.乡村旅游开发：城镇化背景下"乡村振兴"的战略选择 [J].旅游学刊，2018，（07）：16-17.

[18] 李墨文，赵刚.民族地区乡村旅游利益相关者分析 [J].延边大学学报（社会科学版），2020（05）：71-77.

[19] 董秀团.剑川名村古寨 [M].昆明：云南民族出版社，2012.

[20] 张补宏.基于利益相关者理论的民族旅游研究 [J].中央民族大学学报（哲学社会科学版），2008（06）：43-47.

# 7 沙溪未来的发展路径

## 7.1 新时期城镇化发展现状与趋势

### 7.1.1 我国城镇化发展进程

国家统计局数据显示，2017 年中国城镇化率达到 58.52%，比 2016 年末提高了 1.17 个百分点；2017 年户籍人口城镇化率为 42.35%，比 2016 年末提高 1.15 个百分点 [1]。目前，传统城镇化的弊端日益明显，其问题主要表现在：其一，土地城镇化快于人口城镇化，导致建设用地开发粗放低效，土地浪费严重。2000—2011 年，城镇人口增长 50.5%，而建成区面积则增长 76.4%，土地扩张严重；与此同时，农业人口减少 1.33 亿，而农村居民点用地却增加 3045 万亩。其二，城镇化质量较低，城乡二元结构问题突出。2012 年，常住人口城镇化率 52.6%，户籍人口城镇化率 35.3%，数量上虚高，半城镇化、被城镇化现象严重 [2]。

为促进城市健康发展，党的十八大报告提出中国应该走有自身特色的"新型城镇化"道路。强调以人为核心，以区域统筹、城乡一体共同发展为理念；以制度建设和体制机制创新为动力；以改善人民生活品质及社会和谐发展为目标的新型城镇化。李克强总理在 2014 年提出，实现中西部地区 1 亿人就近城镇化的决策部署，显示了国家推进城镇化，努力实现现代化的决心。随后颁布的《国家新型城镇化规划（2014—2020 年)》提出：要合理引导人口流动，有序推进农业转移人口市民化。党的十九大报告提出实施乡村振兴战略和区域协调发展战略。强调要以城市群为主体构建大中小城市和小城镇协调发展的城镇格局，加快农业转移人口市民化。2019 年，中国城镇化率达到 60.6%，户籍城镇化率达到 44.38%。预计到 2030 年农村人口占总人口比例将持续下降到 30% 左右 [3]。

农村剩余劳动力持续流入城镇是社会生产力发展的必然结果。在西方发达国家，德国的城市化率已经超过了 90%，日本则在 2011 年就达到了 91.3%，北美则达到 82.2% 的高水平阶段。因此，与西方发达国家相比，我国的城镇化进程还有巨大的发展空间。

## 7.1.2　云南省城镇化发展

云南省城镇化水平总体较低且内部差异较大，2017 年城镇化率为 46.69%，低于全国平均水平 11.83 个百分点。首先，从空间布局来看。云南城镇化发展呈现出以昆明为中心逐渐向边缘降低的趋势，且少数民族地区的城镇化发展水平滞后于非少数民族地区。其次，从人口城镇化来看。滇中城市群（昆明、玉溪、曲靖、楚雄）在云南 24.36% 的国土面积上承载着云南约一半的城镇人口，造成了城镇人口过度集中、布局不合理的状况。最后，从土地城镇化来看。"发展过度型"主要分布在中部，而东部和西部则属于"发展滞后型"，少数民族地区土地城镇化发展水平则相对较低 [4]（图 7.1、图 7.2）。

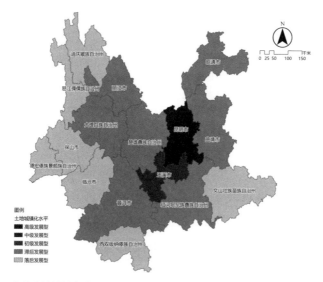

图 7.1　云南省土地城镇化水平空间布局图
（来源:《民族地区的人口城镇化与土地城镇化：非均衡性与空间异质性》）

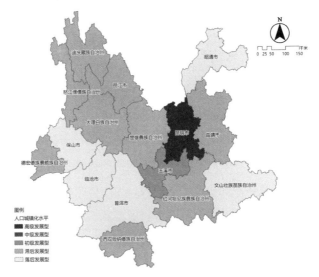

图例
人口城镇化水平
■ 高级发展型
■ 中级发展型
▨ 初级发展型
▨ 滞后发展型
□ 落后发展型

图7.2 云南省人口城镇化水平空间布局图
(来源：《民族地区的人口城镇化与土地城镇化：非均衡性与空间异质性》)

未来20年，我国的城镇化格局将发生巨大变化，区域差距将持续缩小，真正形成东中西协调发展的格局。其中，东部地区城镇化率预计会达到77%，中部将达到69%，西部地区将达到73%。预计到2035年，全国县城和镇的总人口数量会达到3.8亿人，占全国总城镇人口的比重合计大约是36%[5]。因此，小城镇还有巨大发展空间。

云南的城镇化发展具有区域发展不平衡、民族发展不平衡、少数民族地区低于非少数民族地区的特点，因此加快少数民族地区小城镇的建设对于缩小区域城镇化差异具有重要作用。但云南少数民族地区的小城镇存在"数量少、规模小、水平低、效益差"的问题。要想改变现状需要充分挖掘小城镇的自身优势，加强小范围内的人口聚集，发展内需型的产业，加强内源经济建设。

### 7.1.3 就地城镇化发展小城镇

#### 1. 小城镇的概念

小城镇指规模最小的城市聚落[6]。它是农村地区一定区域内工商业比较发达，具有一定市政设施和服务设施的政治、经济、科技和生活服务中心。目前，在中国它已经是一个约定俗成的通用名词，即指一种正在从乡村性社区变成多种产业并存的向着现代化城市转变的过渡性社区。从学术上讲，小城镇并非一个严格科学意义上的专业名词，而是个含糊不清的概念[7]，不同学科有不同的理解。

从社会学角度看，小城镇是一种社会实体，是由非农人口为主组成的社区。1984年，费孝通在《小城镇、大问题》一文中，把小城镇定义为一种比乡村社区更高一层次的社会实体，这种社会实体是以一批并不从事农业生产劳动的人口为主体组成的社区。他们既有与乡村相异的特点，又与周围的乡村保持着不可或缺的联系。小城镇基本脱离了乡村社区的性质，但仍未完成城市化的过程。

在地理学上，将小城镇作为一个区域城镇体系的基础层次，或将小城镇作为乡村聚落中最高级别的聚落类型，认为小城镇包括建制镇和自然集市。

在经济学上，将小城镇作为一个区域城镇体系的基础层次，或将小城镇作为乡村经济与城市经济相互渗透的交会点，具有独特的经济特征，是与生产力水平相适应的一个特殊的经济集合体。

从形态学角度看，小城镇一般泛指小的城市、建制镇和集镇。就城乡居民点的区别而言，小城镇介于城市和乡村之间，是城乡居民点的过渡与连接，兼具城乡居民点的某些特征[6]。

本书对小城镇的界定为"一种比乡村社区更高一层次的社会实体"。小是相对于城市而言，表现在具有一定集聚度的社会、经济、文化核心。较村落的同质性而言，小城镇形态更趋异质性，社会空间分异，在物质空间上表现为功能空间分化。现代化因素融入居民生活生产之中，它是建制镇和集镇的总称，但不仅仅局限于行政区划意义上的建制镇。

## 2. 城镇化路径的选择

云南是多民族聚居的边疆大省，具有"边疆、民族、山区、贫困"的显著特征。少数民族聚集区大都与山区、沿边贫困地区叠加在一起，所形成的集中连片的贫困地区是云南省需要重点研究的一类城镇化地区[8]。

少数民族地区多处于山区，部分城镇居民和农村居民所能占用的坝区面积有限。受到地形条件的限制，少数民族地区的小城镇具有规模小、分布散的特点，城镇化无法像东部地区集中式发展、蔓延式扩张。因此，就地城镇化是实现云南小城镇发展的重要途径，使农业人口不通过大规模的空间转移和重组，即实现了向城镇类型转化的过程[9]。这是农民在其原住地区域内，依托小城镇或中心村的基础服务职能，就近就地实现农民市民化的过程[10]。这与异地城镇化不同，就地城镇化是当农村经济发展到一定程度以后，农民不再盲目地向大中城市迁移，而是在原居住地以中心村或小城镇为依托，通过发展产业、完善基础与公共设施、发展公共事业和转变生产生活方式等实现就地非农就业和就地市民化的城镇化模式[11]。在农村地区"人口收缩""要素回流"大背景的影响下，大量农民选择"城乡双栖""返乡兼业"已成为城乡发展新常态。就地城镇化可以起到预防和治理"城市病"的作用，是降低农民城镇化成本的最优路径选择。

在我们经济社会发生重大变革的背景下，农村剩余劳动力迁移意愿和迁移方向已经发生变化，大城市吸引力度逐渐降低，小城镇发展潜力日益凸显。中国城镇化路径已经从传统异地城镇化主导转向农村就地城镇化，以小城镇为载体的农村就地城镇化路径符合中国目前的发展要求，能够以最低成本满足老百姓实现城镇化的愿望，是推进新型城镇化的重要举措[12]。

### 7.1.4 旅游城镇化与旅游小城镇

#### 1. 旅游城市化（城镇化）研究概况

旅游城市化（tourism urbanization）的概念是 Mullins 于 1991 年最早提出的，他认为旅游城市化是基于后现代主义注重享乐的消费观和城市观的一种城市形态，是由旅游而引起的城市化过程[13]。此后，国内外学者从旅游城市化的概念、类型、特征及其影响等方面进行了研究，旅游城市化已逐渐成为多元城市化的一种模式[14]。

由于我国旅游开发涉及许多乡村和小城镇，在这些地区的旅游城市化研究也称为"旅游城镇化"研究，但许多研究内容也与县级以上旅游

城市案例相同 [15]。旅游城镇化可理解为旅游产业驱动下的农业人口向城镇转移与集聚的动态过程，从而引起城镇规模不断扩大，旅游功能质量提升，外来人口逐渐增加，生产生活非农化、服务化的现象 [16]。

我国旅游城镇化研究尚处于探索发展中，对旅游城镇化方面的研究偏重县级以上旅游城市，主要侧重于对旅游业与城市经济、人口、城市规模、居民感知、发展模式等关联性研究。从城市性质、空间结构、城市建设用地、城市人口、基础设施建设等方面分析了丽江市区旅游城市化特征，并指出其资源比较优势、云南省及丽江市政府的推动、民营经济的参与、旅游消费是引起丽江市区旅游城市化的主要机制 [17]，这是我国旅游城镇化相关研究的代表性成果。综合众多学者的研究，旅游城镇化的核心驱动因素有 4 个：①旅游资源，包括人文资源、自然资源及人造资源；②居民与企业的参与；③当地政府的积极干预和正向推动；④旅游消费带动多方面延展 [18-20]。

由于我国 20 世纪 80—90 年代乡村城镇化的主要动力是乡镇企业，导致国内对旅游小城镇的关注仅偏重规划层面 [21]。1999 年以来的旅游黄金周带来旅游大众化趋势加快，西部地区旅游业对一些小城镇的推动超过了乡镇企业（如丽江、九寨沟等）。21 世纪以来，学者和政府部门都更关注旅游小城镇，它们都较为重视旅游小城镇的定义、分类、综合效益分析、开发及管理模式、规划建设、政策支持、发展效果评价等 [22-23]，并且十分重视政府在旅游小城镇发展中扮演的角色和作用，关注对欠发达地区的效益研究，如原建设部曾于 2006 年制定了《中国旅游·建设名镇（村）评定标准》等。

有关旅游小城镇规划与遗产保护、旅游市场与产品开发、旅游开发与对策措施、经济增长与空间衍生 [24]、旅游开发个案研究等成果较多 [25]。旅游小城镇是当前城镇化的新选择，从宏观层面系统地阐述了中国旅游小城镇的发展背景、发展现状、发展策略、发展思路和发展政策，为其他层面和视角的旅游小城镇研究打下了宏观基础 [26]。例如，西双版纳云南国家级口岸打洛镇的"旅游后现象"是一种旅游"废都"现象，它意味着旅游衰败之后城镇"经济失力、社会失调、文化失色、环境失衡" [27]，这反映了不同的旅游发展阶段小城镇将会呈现不同的演变过程。

目前国内对旅游小城镇的研究尚处于发展阶段，系统性研究尚需完善[28]。

整体来看，相关研究沿"村落—保护—村落城镇化—旅游城镇化"向纵深发展，由城镇化技术方面转向对其制度体制的冲刺。研究多集中在小城镇、劳动力转移、动力机制、发展模式研究，多集中于东部。2005年后，中西部才开始研究，且研究成果宏观多于微观、静态多于动态，缺少城乡一体化及连续性研究。

### 2. 旅游小城镇

旅游小城镇是指拥有独特或者较高品位的自然资源、人文景观，观光、休闲或者商务旅游活动频繁，旅游活动对当地经济发展影响较为明显，旅游业对建制镇镇区、乡政府驻地区或较大行政村的经济社会文化发展带动明显。

从东部地区旅游村镇案例看（如周庄等江南六镇地区），行政村以上级别的村落向小城镇演变是一个趋势。西部地区受经济、自然等条件的限制，走"发展小城镇"的道路符合实情，旅游成为促进村落城镇化及传统村镇保护的一条重要途径。旅游小城镇的建设将在吸纳农村劳动力、调整农村产业结构、实现农民增收等方面发挥重要作用，同时也是对乡村振兴的有力支撑。

## 7.1.5 沙溪特色小镇规划项目背景

### 1. 特色小镇引领之下的新型城镇化趋势

在全国各地探索新型城镇化道路的过程中，特色小镇建设可谓异军突起，引起了领导层的关注。特色小镇区别于传统的建制镇和产业园区，是指聚焦特色产业和新兴产业，具有鲜明的产业特色、浓厚的人文底蕴、完善的服务设施、优美的生态环境，集产业链、投资链、创新链、人才链和服务链于一体，产业、城镇、人口、文化等功能有机融合的空间发展载体和平台，呈现出产业发展"特而强"、功能集成"聚而合"、建设形态"小而美"、运行机制"新而活"的显著特征。

2016年7月，《住房城乡建设部 国家发展改革委 财政部关于开展特色小镇培育工作的通知》提出，到2020年，培育1000个左右各具特色、富有活力的休闲旅游、商贸物流、现代制造、教育科技、传统文化、美丽宜居的特色小镇，约占全国建制镇的5%。2016年8月，《关于做好2016年特色小镇推荐工作的通知》，要求全国32个省区市推荐上报特色小镇。国务院总理李克强在做2017年政府工作报告时提出优化区域发展格局，支持中小城市和特色小城镇发展，推动一批具备条件的县和特大镇有序建市，发挥城市群辐射带动作用，"特色小城镇"首次写入了政府工作报告。

2017年3月，云南省政府印发了《云南省人民政府关于加快特色小镇发展的意见》，明确规定了特色小镇的创建标准。

（1）用地标准。每个特色小镇规划面积原则上控制在3平方千米左右，建设面积原则上控制在1平方千米左右。根据产业特点和规模，旅游休闲类、高原特色现代农业类、生态园林类特色小镇可适当规划一定面积的辐射带动区域。

（2）投入标准。2017—2019年，创建全国一流特色小镇的，每个累计新增投资总额须完成30亿元以上；创建全省一流特色小镇的，每个累计新增投资总额须完成10亿元以上。

（3）基础设施标准。创建全国一流旅游休闲类特色小镇的，须按照国家4A级及以上旅游景区标准建设；创建全省一流旅游休闲类特色小镇的，须按照国家3A级及以上旅游景区标准建设。每个特色小镇建成验收时，集中供水普及率、污水处理率和生活垃圾无害化处理率均须达到100%；均须建成公共服务App，实现100M宽带接入和公共Wi-Fi全覆盖；均须配套公共基础设施、安防设施和与人口规模相适应的公共服务设施；至少建成1个公共停车场，有条件的尽可能建设地下停车场。

（4）产出效益标准。2017—2019年，创建全国一流特色小镇的，每个特色小镇的企业主营业务收入（含个体工商户）年均增长25%以上，税收年均增长15%以上，就业人数年均增长15%以上；创建全省一流特色小镇的，每个特色小镇的企业主营业务收入（含个体工商户）年均增长20%以上，税收年均增长10%以上，就业人数年均增长10%以上。州、市、县、区培育发展特色小镇，达到省级创建标准的，纳入省级支持范围。

2018 年 10 月，云南省政府印发了《云南省人民政府关于加快推进全省特色小镇创建工作的指导意见》，结合全省特色小镇创建工作推进的实际情况，为进一步精准指导全省各地特色小镇创建工作，指出了特色小镇的重大战略意义：特色小镇建设是实施乡村振兴战略的重要途径，是建设中国最美丽省份的重要抓手，是打造健康生活目的地的重要平台，是打赢脱贫攻坚战的重要措施。高标准高质量推进特色小镇建设，以"世界一流、中国唯一"为发展目标；坚持规划先行，高起点、高标准编制特色小镇规划；坚持"政府引导、企业主体、群众参与、市场化运作"，打造在全国乃至世界范围内独具特色、不可复制的小镇。

## 2. 田园综合体新型"旅游 +"发展模式的契合之举

2017 年 2 月 5 日，"田园综合体"作为乡村新型产业发展的亮点措施被写进中央一号文件，支持有条件的乡村建设以农民合作社为主要载体，让农民充分参与和受益，集循环农业、创意农业、农事体验于一体的田园综合体，通过农业综合开发、农村综合改革转移支付等渠道开展试点示范。2017 年 5 月 24 日，财政部印发了《关于开展田园综合体建设试点工作的通知》，确定在河北、山西、内蒙古、江苏、浙江、福建、江西、山东、河南、湖南、广东、广西、海南、重庆、四川、云南、陕西、甘肃 18 个省份开展田园综合体建设试点，每个试点省份安排试点项目 1~2 个，各省份可根据实际情况确定具体试点项目个数。中央财政从农村综合改革转移支付资金、现代农业生产发展资金、农业综合开发补助资金中统筹安排，支持试点工作。2017 年 6 月 5 日，财政部又印发了《开展农村综合性改革试点试验实施方案》（财农〔2017〕53 号），并发布了开展田园综合体建设试点的通知，决定从2017 年起在有关省份开展农村综合性改革试点、田园综合体试点试验。

## 3. 全域旅游蓬勃发展的机会

自 2015 年开始，全域旅游以星火燎原之势在全国蓬勃发展。

2015—2017 年，原国家旅游局先后下发了《关于开展"国家全域旅游示范区"创建工作的通知》《全域旅游示范区创建验收标准》

（2016 版）《国家全域旅游示范区认定标准（征求意见稿）》《全域旅游示范区创建工作导则》《2017 全域旅游发展报告》等重要文件，有力地推动了全域旅游的发展。

2018 年 3 月，国务院办公厅印发《关于促进全域旅游发展的指导意见》。

2019 年，文化和旅游部制定了《国家全域旅游示范区验收、认定和管理实施办法（试行）》《国家全域旅游示范区验收标准（试行）》等，决定开展首批国家全域旅游示范区验收认定工作，并下发了关于开展首批国家全域旅游示范区验收认定工作的通知。2019 年全国全域旅游工作推进会上，文化和旅游部公布了首批 71 家全域旅游示范区，文化和旅游部部长雒树刚强调，要继续加大旅游产业融合开放力度，大力实施"旅游+"和"+旅游"战略，孵化一批新产业新业态，开发一批符合市场需求的好项目、好产品，把国家全域旅游示范区打造成产业转型升级的集聚区，加快构筑新的生产力和竞争力。

全域旅游所追求的不再停留在旅游人次的增长上，而是关注旅游质量的提升，追求的是旅游对人们生活品质提升的意义，追求的是旅游在人们新财富革命中的价值。全域旅游是旅游产业的全景化、全覆盖，是资源优化、空间有序、产品丰富、产业发达的科学的系统旅游。要求全社会参与，全民参与旅游业，通过消除城乡二元结构，实现城乡一体化，全面推动产业建设和经济提升。

全域旅游强调在一定区域内，以旅游业为优势产业，通过对区域内经济社会资源尤其是旅游资源、相关产业、生态环境、公共服务、体制机制、政策法规、文明素质等进行全方位、系统化的优化提升，实现区域资源有机整合、产业融合发展、社会共建共享，以旅游业带动和促进经济社会协调发展。全域旅游要构建一个旅游支撑体系、塑造地方特色旅游 IP，打造一批旅游拳头经济区，发展一系列旅游创新小微企业集群。

### 4. 特色小镇助推乡村振兴

2018 年中央 1 号文件《中共中央国务院关于实施乡村振兴战略的意见》确定了实施乡村振兴战略的目标任务，到 2050 年，农业强、农村美、农民富将全面实现，并对实施乡村振兴战略进行了全面部署。2019 年 6 月，国务院印发《关于促进乡村产业振兴的指导意见》，乡村产业定位更加准确，乡村产业振兴的路径更加清晰，促进乡村产业振兴要求更加具体。2020 年 2 月，中央 1 号文件《中共中央国务院关于抓好"三农"领域重点工作确保如期实现全面小康的意见》明确了国家乡村振兴战略规划中提出的重点任务的执行措施和方法。提出坚决打赢脱贫攻坚战；对标全面建成小康社会加快补上农村基础设施和公共服务短板；保障重要农产品有效供给和促进农民持续增收；加强农村基层治理；强化农村补短板保障措施。

乡村振兴的根基在于乡村在新时代的价值，包括经济价值、生态价值、社会价值和文化价值。推动乡村产业振兴、人才振兴、文化振兴、生态振兴、组织振兴，实现农业全面升级、农村全面进步、农民全面发展，是实施乡村振兴战略的主要内容。

乡村振兴战略中，特色小镇是城乡融合发展的关键，是解决区域和城乡发展不平衡、农村发展不充分问题的重要举措，以特色小镇为载体，可加快乡村振兴进程。乡村振兴需要一个强有力的龙头和载体，把乡村的优美环境、人文风俗、历史文化、特色资源等在空间上进行集中和聚集，推动特色产业发展，打造特色小镇承载产业与人口，吸引城市资源要素的流入，承接城市消费的外溢，把小镇融合到乡村中符合当前中央有关特色小镇的发展理念，也从根本上增强了乡村的内生发展能力。

特色小镇建设是实施乡村振兴战略的重要平台和有效载体，特色小镇在乡村植入现代要素的复合平台能够发挥功能叠加优势；特色小镇是挖掘乡村资源价值的孵化平台，能够提升存量资源的市场价值；特色小镇是城乡融合发展的承载平台，能够促进城乡发展一体化；特色小镇是农业农村体制变革的试验平台，能够激发制度供给活力。建设特色小镇，对于加速乡村振兴、促进城乡融合发展、推进农业农村现代化具有不可忽视的作用。

## 5. 沙溪凸显特色、跨越提升的发展之道

经过多年的发展，沙溪在古镇保护与城镇建设方面取得了较大的成

就，进入了新型城镇化发展的重要时期。2014 年，沙溪被列为全国小城镇建设试点镇；2015 年 8 月，沙溪国家级建制镇示范试点项目启动实施；2016 年 12 月，以绿色低碳新型城镇化被发展改革委等 11 个部门公布为第三批国家新型城镇化综合试点；2017 年，沙溪被发展改革委列入《国家级西部大开发"十三五"规划》建设百座特色小镇名单，打造旅游休闲型小镇；2017 年 5 月，沙溪被列入住房城乡建设部发布的"第二批全国特色小镇"名单；2017 年 6 月，沙溪古镇成功申报创建云南省全国一流特色小镇。2018 年底考核合格的全国一流特色小镇，每个小镇将给予 1 亿元奖励资金；2019 年底考核合格的全国一流特色小镇，每个小镇将给予 9000 万元奖励资金，重点用于项目贷款贴息。

沙溪作为云南省大理州重要的旅游地之一，拥有独特的旅游资源优势和较为便捷的交通可达性，并受益于滇西北旅游圈巨大的游客市场辐射，在田园综合体、全域旅游等旅游产业发展大转型的背景下，沙溪旅游应顺应趋势，积极提升，从保护优先向合理的活化利用转变，从景点旅游向全域旅游转变，从封闭的旅游自循环向开放的"旅游 +"融合发展方式转变。沙溪特色小镇的建设，是沙溪凸显自身特色，实现产业转型升级的发展之道。

2017—2020 年，由上海同济规划设计研究院与昆明理工大学设计研究院共同编制的《沙溪特色小镇创建方案》《剑川县沙溪古镇（特色小镇）发展总体规划》及对产业发展、文化建设、人口聚集、功能提升、形象设计、旅游资源六大主题进行的专题研究，还有《剑川县沙溪古镇（特色小镇）修建性详细规划》，这些成果都为沙溪地方文化的保护与再利用进行了系统梳理和长远规划，也为云南其他地区的特色挖掘、资源利用、经济发展等提供了参考与借鉴。

# 7.2 沙溪特色小镇规划（2017 年）

## 7.2.1 规划区范围

沙溪特色小镇规划范围以寺登村委会寺登自然村、下科自然村、鳌凤村委会中登自然村以及东南村委会江乐禾自然村为主体，东至黑湄江主河道东侧 50 米，南至鳌凤村南侧的高速公路连接线，西至平甸公路西侧 20 米，北至寺登村委会下科村北侧村道，规划面积 3.14 平方千米，东西长约 1.4 千米，南北长约 2.8 千米，整体呈带状空间结构。

特色小镇规划核心建设区建设用地面积累计约 1.2 平方千米，主要包括南、北两个片区，是沙溪特色小镇未来的主要建设及发展区，承接沙溪特色小镇特色产业空间及沙溪古镇的外延拓展功能，将与核心保护区共同构成特色突出、功能完善、空间舒适、环境优美、产业兴盛的沙溪特色小镇（图 7.3）。

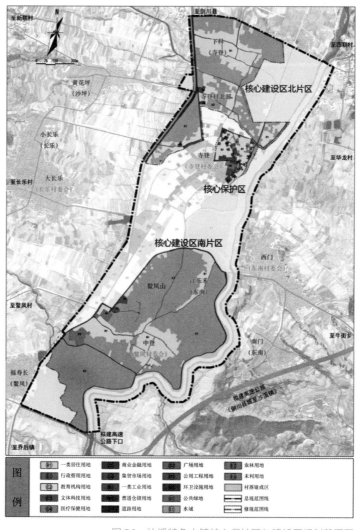

图 7.3　沙溪特色小镇核心保护区与建设区规划范围图

## 7.2.2 辐射区范围（坝区）

沙溪特色小镇辐射区为沙溪坝区，包含甸头、沙坪、四联、北龙、华龙、东南（除江乐禾村）、长乐、鳌凤（除中登村、福寿长村）、灯塔、溪南、红星等村庄及其农业生产空间，辐射区面积约 26 平方千米（图 7.4）。

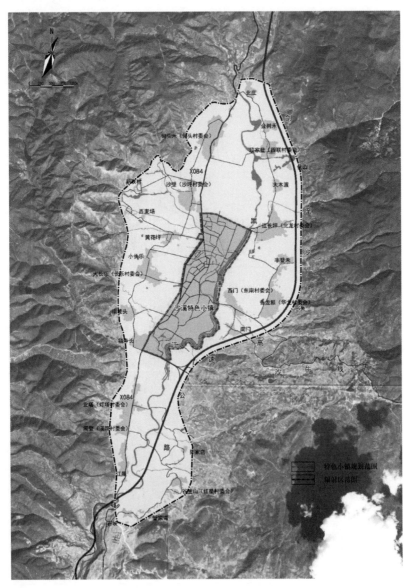

图 7.4 沙溪特色小镇规划范围与辐射区范围关系图

### 7.2.3 规划期限

规划基准年：2016 年。

规划期限：2017—2020 年，其中 2017 年为启动建设期，2018 年为全面建设期，2019 年为建成完善期，2020 年为投入运营期。为使这四年的特色小镇建设满足将来小镇的长远发展需求，本次规划远景期限至 2030 年。

# 7.3  2017 年沙溪特色小镇发展问题及趋势

## 7.3.1  旅游发展问题及趋势

### 1. 旅游发展问题

（1）旅游资源开发仍显粗浅。沙溪旅游资源量大，但开发利用力度不够，旅游开发仍停留在初级观光、餐饮服务、客栈酒店服务等浅层次上，高品位性、高文化性、高参与性的旅游资源尚未得到充分挖掘。

（2）淡旺季明显、客量跳动大、观光游客多、度假过夜游客少。整体游客量小，游客量变化大，停留时间短，旅游收益仍有较大的提升空间。

（3）文化资源开发利用程度低。沙溪优质文化资源开发缺乏特色，现有产品如木雕工艺品店等同质化严重。历史遗迹、茶马文化、手工技艺文化等资源内涵挖掘层次浅，未凸显沙溪文化，缺少多元性和复合性，难以满足不同类型的客源市场需求。

（4）旅游产品结构单一、体系不健全。旅游产品单一、老化，受资金匮乏、管理体制等制约，改造提升难。缺乏精品旅游景区，拳头产品建设不足，制约着旅游产业整体优势和联动效应的发挥。

（5）旅游产品创意不足，文化内涵差。整体旅游产品主题定位不鲜明，旅游硬件设施和软件服务与旅游文化主题不够贴近，缺乏体验性的项目。受财政困难影响，缺乏有效的投入和资源整合机制，旅游宣传形式单一，缺乏创新和市场针对性，未能形成政府部门和企业联合促销的良性机制，宣传效果不佳；旅游节庆活动面临资金不足、创新不够、企业参与性不强等难题。

（6）旅游资源开发缺乏镇、村建设发展的统筹规划，除寺登村核心保护区外，其他街区的沿街建筑存在立面杂糅的现象。对于区域内旅游资源的开发较为粗放，未有效对周边村庄进行风貌规划，因旅游开发导致的乱建房等街区风貌破坏问题严重。

（7）旅游基础设施和服务设施匮乏。对自驾游、户外运动等新业态的发展缺乏相应的对策，公共停车场、旅游厕所、旅游公共标志系统、自驾车营地等基础服务设施无法满足旅游发展的需求。旅游商品缺乏文化内涵和主题性、纪念性创意设计。配套、公共服务设施不健全，旅游交通导览标志、公共绿化、环境卫生等仍需提升。

## 2. 新时代下旅游市场的需求趋势与机遇

随着汽车保有量及高速公路里程数的提升，西南地区自驾车旅游市场将进一步扩大。山水资源优良、地域文化浓郁的休闲度假游具有较大发展潜力。

家庭旅游已成为一大热点，百度搜索指数显示，2016年有关"家庭亲子游"的搜索量5月开始就出现井喷，保持了50%的增长率。携程网显示，《爸爸去哪儿》节目播出后，携程攻略社区检索"家庭亲子游"的次数是以往日均的10倍。家庭亲子游的点评分享占到了50%，并以160%的增长率高速增长。

目前，超过60%的城市居民有外出休闲度假的需求，其中50%选择以生态资源为核心支撑的度假产品。2000—2014年，中国居民生态度假支出总额平均每年增长15.5%。

"90后""00后"群体出行占比超过40%，而该群体的衍生客群占比超过80%，逐渐成为旅游出行的主力消费群体。

## 7.3.2 产业发展问题及趋势

### 1. 产业发展问题

城镇化处于初期阶段，镇区经济水平还比较低，二、三产业较为单一，缺乏足够的竞争力和吸引力，没有形成明显的经济增长极。社会经济发展缓慢，现有产业规模小，产业结构和发展模式不清晰。旅游文化产业发展动力不足，旅游产品少，产业延伸及带动效应有限。高原特色农业发展不成规模，附加值较低，与主导产业融合度低。产业挖掘力不足，优质文化资源尚未转化为产业要素，集聚规模较小。产业人才培育力度不够，缺少产业经营管理及创意设计等高水平人才。

### 2. 产业发展趋势

未来产业发展主要集中在以下几方面。

（1）集聚性。在产业尚未成型的区域，通过强力的资源整合，积极引导产业要素的集聚，是产业培育的有效途径，通过产业要素充分集聚，自下而上形成产业组织。

（2）特色化。产业的特色化路径是产业发展的核心动力，也是产业形成竞争优势的关键所在，特色化的产品体系将促进产业的长效发展。

（3）融合性。各个细分产业呈现出极强的融合性，通过产业链延伸，自动融入主导产业，形成新的产业模式。

（4）园区化、集群化。产业单位通过合理的引导，形成以园区为主要形态的空间模式。企业相互之间高度精细的分工与合作关系促成产业集群的形成，从而实现超高的经济效率和巨大的创新活力。

## 7.3.3　历史文脉传承问题

传统的建筑形式和风貌被随意改造，沙溪部分新建建筑形式采用大理洱海地区的建筑元素，不顾地域和当地实际生搬硬套，与核心区风格不一致，造成与当地环境和氛围的割裂。

历史人文传承更多的是承载物质以外的人文、风俗与构建于其上的精神层次的传承发扬，沙溪核心区的房子多是租赁给外地不同的商户，贩卖的物品没有突出当地特色，民风、民俗的传承缺少了"本地人"这个载体。很多外来商户的经营理念与当地历史文化不符，为追求利益最大化，破坏了当地的建筑风貌和生活生态环境。

对非物质历史文化遗产的传承重视度不够，沙溪的宗教、茶马、民俗等文化的内涵和外延的传承缺失。

居民、游客、开发商、研究者、政府等各类利益相关者影响着历史人文的传承路径，利益协调机制难以确定。

### 7.3.4 空间发展问题

（1）土地利用规划划分的基本农田位置多位于村庄周边，没有考虑建设需求，村庄建设不受控制，建筑无序蔓延，民居建在农田里。规划相互不衔接，存在冲突点。

（2）镇区规划布局采用生态绿化隔离方式，使原有各片区在发展的基础上均保持着一定的生态屏障隔离。但镇区现实发展已在很多地方突破规划控制，原有较好的空间布局及安排被打破。

（3）公共服务设施选址和配置规模不合理。例如垃圾填埋场位于学校周边，严重影响学校环境质量。消防设施布点少，消防车不能进入古镇内部，消防设施配置应该满足一定的辐射距离，实现就近防火灭火。

（4）业态单一，空间活力不足。核心区村镇居民业态与旅游业态并存，旅游业态以餐饮、客栈及旅游零售居多，旅游体验业态及旅游文化类业态少，总体种类少，同质化竞争严重。

（5）核心区风貌保护好，但核心区外风貌没有得到有效控制，民居多采用大理洱海地区的白族民居建筑形式，与沙溪原有建筑风格不一，失去了本土特色，空间景观识别性低。

### 7.3.5 与周边小镇竞争问题

2017 年 6 月 15 日，云南省特色小镇发展领导小组办公室公布了云南省第一批特色小镇(105 个)名单，此次入选的特色小镇分 3 个层次：第一层次为创建国际水平的特色城镇，共 5 个；第二层次为创建全国一流的特色小镇，共 20 个；第三层次为创建全省一流的特色小镇,共 80 个。其中,沙溪古镇为全国一流特色小镇。

相对于其他同类型的文化旅游(特别是茶马文化)特色小镇,沙溪古镇气候温润,资源丰富,具有自然秀美的田园风光,具备发展多元深度游、度假游、文化游等旅游业态独一无二的优势,是休闲度假和养生养老的理想目的地。沙溪古镇是世界濒危建筑文化遗产寺登村所在地、剑川县核心旅游景区之一,是大香格里拉旅游线的重要节点,在滇西北大旅游圈建设战略中,处在大理、丽江、香格里拉三个世界级旅游景区沿线上。

沙溪古镇利用文化资源、自然条件、区位条件等优势条件错位发展,形成特色鲜明、形象突出的特色小镇。随着剑川至沙溪高速公路的建成通车,将使小镇的交通可达性大幅提高,将受益于滇西北旅游圈大量游客资源。

# 7.4 沙溪特色小镇发展战略

## 7.4.1 总体定位

综合分析沙溪特色小镇的发展条件、机遇和挑战以及竞争策略,沙溪特色小镇应该依托沙溪古镇独特、多元而丰富的文化遗产和已形成的国际影响力大力发展休闲旅游和文化创意产业,打造成以滇西地区文化遗产传承和创新为特色,地域文化鲜明,生态环境优美,生产、生活、生态三位一体,有国际影响力的国家级文旅小镇[29]。

## 7.4.2 产业发展定位

### 1. 主导产业

旅游业是沙溪最具发展基础的产业,具有很大的增长空间,因此可以成为沙溪特色小镇的主导产业。

目前,沙溪的旅游还停留在古镇风貌观光旅游层次,缺少参与性和体验性强的产品,旅游的商业配套设施也比较欠缺。随着区域交通可达性的大幅改善,沙溪古镇和坝区的旅游将可能迎来迅猛增长,但这也可能给沙溪带来很大的挑战。为了避免呈现"千镇一面"、过度商业化，以及原生系统遭受破坏等问题，沙溪应该秉承可持续旅游发展的理念，主动选择目标客群，通过设立门槛，对引入古镇的新业态、新要素、新产品和新人口进行筛选，控制在古镇的空间承载力和心理承受力范围之内，同时要大力促进当地文化传承与发展，注重文化与旅游的有机融合、协调发展，并以此作为小镇可持续发展的重要的产业发展动力[29]。

## 2. 特色产业

沙溪有独特丰富的历史文化资源，民间工艺有很好的基础，但缺少创新，未来如能走上创新发展的道路则发展的潜力很大，宜将文化创意产业作为当地的特色产业加以培育。

创意产业又叫创意经济。创意经济通常包括时尚设计、电影与录像、交互式互动软件、音乐、表演艺术、出版业、软件及计算机服务、电视和广播等。此外，还包括旅游、博物馆和美术馆、遗产和体育等。自英国政府 1998 年正式提出"创意经济"的概念以来，发达国家和地区提出了创意立国或以创意为基础的经济发展模式，发展创意产业已经被发达国家或地区提到了发展的战略层面。与此同时，西方理论界也率先掀起了一股研究创意经济的热潮。从研究"创意"（creativity）本身，逐渐延伸到以创意为核心的产业组织和生产活动，即"创意产业"（creative industry）、"创意资本"（creative capital），又拓展到以创意为基本动力的经济形态和社会组织，即"创意经济"（creative economy），逐渐聚焦在具有创意的人力资本，即"创意阶层"（creative class），同时"创意阶层"又不断促进"创意产业"的发展。结合沙溪特色小镇的现状和发展条件，具体来讲，沙溪特色小镇可重点培育和发展的文化创意细分产业包括：

（1）文化保护和文化设施服务。沙溪古镇的保护已经开展了十多年，成效显著。未来，沙溪的文化遗产保护工作还应更深入地推进下去，全面覆盖建成遗产和非物质文化遗产，增加文化设施和服务的供给。

（2）设计服务和培训。沙溪地区民间工艺以木雕、扎染、黑陶、石雕见长，产业基础好，但艺术形式和技术有待提升，可以通过引进国内外创意设计教育培训资源培养本地的工匠和设计师，并进一步将沙溪打造成滇西北的创意设计中心之一。

（3）艺术品和相关文化产品的生产和销售。未来在沙溪有机会构建以手工木雕饰件为主，辅之以扎染等其他工艺品的家庭作坊式的生产体系，并形成特色旅游纪念品从创意设计、制作到品牌营销（包括网络销售）完整的产业链。

（4）电子商务。围绕当地特色农产品和民间工艺品的电子商务有机会成为沙溪创新创业的重要领域，相应的孵化器（电商产业园）是必要的载体。

（5）会展服务。结合休闲度假、文化旅游及文创产业的活动，会议和展览这类商务活动以及文化活动有很好的发展空间，将对带动沙溪旅游可持续发展发挥重要作用，应该重点发展[29]。

### 3. 辅助产业

高原特色农业是沙溪可以重点发展的辅助产业。沙溪坝区农业发展自然条件良好，历史上沙溪坝区就是滇西北的"鱼米之乡"，现实的农业生产情况也相对良好，并且有马铃薯、芸豆、野生食用菌（地参）、山地牧业、季差蔬菜、特色水果、制种产业、特色花卉（牡丹花、山茶花）等高原特色农业，相关农产品具有较大的市场潜力。在云南省大力推动现代化高原特色农业的背景下，沙溪坝区更应紧抓特色小镇发展的机遇，在镇区优先发展农业科技咨询培训、商贸及电子商务等业务，并通过建设一些示范性项目（如现代农庄）来带动整个坝区未来农业的转型发展[29]。

### 7.4.3 产业发展路线

根据沙溪的产业基础，将发展战略措施归纳为 4 个方面（图 7.5）。

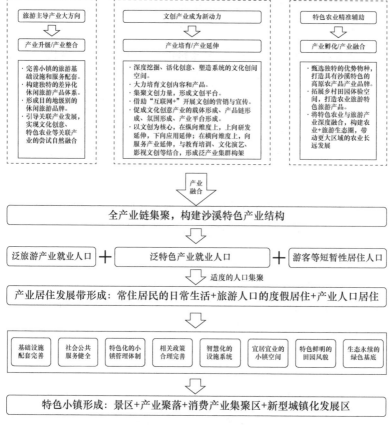

图 7.5　沙溪产业发展路线图

[来源:《剑川县沙溪古镇(白族)发展总体规划修改》2020.04]

(1)大旅游——基于优质的特色旅游资源,夯实壮大沙溪特色休闲旅游产业。沙溪古镇应依托独特的旅游资源及较好的旅游产业基础,加快完善小镇的旅游基础设施和服务配套,通过特色休闲旅游产品的培育和塑造,构建独特性的差异化休闲旅游产品体系,形成目的地级别的休闲旅游品牌,以大旅游的发展视野统筹村镇建设,把北部的下科村和南部的中登村、江乐禾村纳入小镇建设区中,引导关联产业发展,实现文化创意、特色农业等关联产业的深度自然融合,形成特色突出、竞争优势明显的旅游主导产业集群。

(2)深文化——深挖特色文化,深度创意活化文化,大力培育沙溪特色文创产业。沙溪久远而鲜活的茶马古道文化、完好保存与延续的在地建筑文化、朴素动人的世居白族文化、纷繁精湛的手工技艺文化等是沙溪的独特性所在，构建沙溪特色，文化是灵魂，发展文创产业势在必行且潜力巨大。通过文化要素的深度挖掘、活化创意、文化空间的系统塑造，大力培育文创内容和产品，释放文创活力，集聚文创力量，形成文创平台，借助"互联网+"开展文创的营销与宣传，从而促成文化创意产业的载体形成、产品链形成、氛围形成、产业平台形成，最终让文化"看得见、摸得着、悟得出、带得走"，让文化创意产业成为沙溪特色小镇产业长远发展的核心引擎。

（3）精农业——凸显独特性、智慧性，精心孵化沙溪特色高原农业。优美的山水田园风光基底，深厚的传统农耕文化，丰富的特色生态农产是沙溪特色构成之一，而游客对田园空间的向往、对乡村文化体验的诉求、对原乡个性和精神内涵的共鸣及特色农产品的偏好，使沙溪发展特色高原农业成为必然。保护优良的田园生态环境，拓展乡村田园体验空间，甄选独特的优势物种，坚持绿色有机种养，不断提升管养技术，不断提高农产品品质，建设具有沙溪特色的高原农产品产业品牌，通过"互联网+"发展智慧农业，并将特色农业与旅游产业深度融合，构建农业+旅游生态圈，带动更大区域的农业长远发展。

（4）大融合——旅、文、农、教等多产业融合，实现共融发展。在旅游产业的主导下，整合产业优势，实现产业集聚，推动文旅融合、农旅融合等多产业融合发展，实现一、二、三产业的深度融合，最终形成产业特色鲜明、关联度强、产业链广、产业价值高、竞争优势明显的沙溪特色产业体系[29]。

## 7.4.4　土地利用规划

镇区规划范围 3.14 平方千米，建设用地 2.26 平方千米。其中居住用地、公共设施用地、绿地为本次规划的主要用地。重点接纳更多的人口，提供更多的产业空间、工作岗位和建设良好的生态景观环境。

本次沙溪特色小镇发展总体规划在规划区范围内新增的建设用地面积约为 102.45 公顷，其中绿地面积增加 61.91 公顷，占新增建设用地的 60.43%。增加的绿地用地目前均以农田为主，具备作为观赏和生态防护作用的功能，因此不需要进行大规模的绿地建设。

新增集中建设用地 41.31 公顷中，居住用地新增规模 22.71 公顷；新增公共设施用地 9.28 公顷；新增生产设施用地 0.19 公顷；减少仓储用地 0.22 公顷；增加对外交通用地 1.49 公顷；增加工程设施用地 0.63 公顷；增加道路广场用地 8.72 公顷。其中大规模增加的公共设施用地包括以商业金融用地为主的产业用地，主要包括文化创意产业、休闲度假产业、旅游商业街等产业 [29]（表 7.1、彩图 7.1）。

表 7.1　土地利用平衡表

| 序号 | 用地代码 | | 用地名称 | 面积 / 公顷 | | 占城镇建设用地 /% | |
|---|---|---|---|---|---|---|---|
| | 大类 | 小类 | | 现状 | 规划 | 现状 | 规划 |
| 1 | R | | 居住用地 | 68.54 | 91.25 | 55.65 | 40.21 |
| | | R1 | 一类居住用地 | 68.54 | 64.05 | 55.65 | 28.23 |
| | | RB | 商住混合用地 | — | 27.20 | — | 11.99 |
| 2 | C | | 公共设施用地 | 24.32 | 33.60 | 19.75 | 14.80 |
| | | C1 | 行政管理用地 | 2.08 | 2.01 | 1.69 | 0.89 |
| | | C2 | 教育机构用地 | 6.54 | 6.90 | 5.31 | 3.04 |
| | | C3 | 文体科技用地 | 2.50 | 2.74 | 2.03 | 1.21 |
| | | C4 | 医疗保健用地 | 0.59 | 0.83 | 0.48 | 0.37 |
| | | C5 | 商业金融用地 | 8.61 | 19.20 | 6.99 | 8.46 |
| | | C6 | 集贸市场用地 | 4.00 | 1.92 | 3.25 | 0.85 |
| 3 | M | | 生产设施用地 | 1.16 | 1.35 | 0.94 | 0.59 |
| | | M1 | 一类工业用地 | 1.16 | 1.35 | 0.94 | 0.59 |
| 4 | W | | 仓储用地 | 1.02 | 0.80 | 0.83 | 0.35 |
| | | W1 | 普通仓储用地 | 1.02 | 0.80 | 0.83 | 0.35 |
| 5 | T | | 对外交通用地 | — | 1.49 | — | 0.66 |
| | | T1 | 公路交通用地 | — | 1.49 | — | 0.66 |
| 6 | U | | 工程设施用地 | 1.37 | 2.00 | 1.11 | 0.88 |
| | | U1 | 公共工程用地 | 0.66 | 1.41 | 0.54 | 0.62 |
| | | U2 | 环卫设施用地 | 0.71 | 0.28 | 0.57 | 0.12 |
| | | U3 | 防灾设施用地 | — | 0.32 | — | 0.14 |
| 7 | S | | 道路广场用地 | 18.40 | 27.12 | 14.93 | 11.95 |
| | | S1 | 道路用地 | 15.18 | 23.46 | 12.32 | 10.34 |
| | | S2 | 广场用地 | 3.22 | 3.66 | 2.61 | 1.61 |

| 序号 | 用地代码 | 用地名称 | 面积 / 公顷 | | 占城镇建设用地 /% | |
|---|---|---|---|---|---|---|
| 8 | G | 绿地 | 8.36 | 69.32 | 6.79 | 30.55 |
| | G1 | 公园绿地 | 8.36 | 29.60 | 6.79 | 13.04 |
| | G2 | 防护绿地 | — | 39.72 | — | 17.50 |
| 总建设用地 | | | 123.17 | 226.92 | 100.00 | 100.00 |
| | E | 水域和其他用地 | 190.66 | 86.91 | — | — |
| | E1 | 水域 | 18.56 | 18.98 | — | — |
| | E2 | 农林用地 | 171.73 | 67.92 | — | — |
| | E3 | 未利用地 | 0.37 | — | — | — |
| 规划用地 | | | 313.83 | 313.83 | | |

来源:《剑川县沙溪古镇（特色小镇）发展总体规划》。

### 7.4.5 整体空间结构

#### 1. 整体空间结构

　　总体规划依据镇区产业发展、生活服务、生态景观的要求，充分利用镇区主要道路串联各功能区，并沿黑潓江形成文化休闲景观带，从而形成"一轴一带三心八区"的空间功能布局结构（图 7.6、图 7.7）。

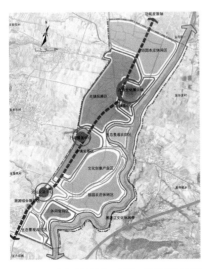

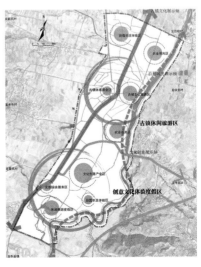

图 7.6　空间结构图 [ 来源:《剑川县沙溪
古镇（白族）发展总体规划修改》2020.04]

图 7.7　产业空间结构图

一轴：沿镇区主要道路形成的功能发展轴，串联镇区北部至南部的功能区及功能核心。

一带：沿黑潓江形成的文化休闲带，沿线的景观设计结合沙溪古镇的文化内涵形成特色景观。

三心：即以古镇核心区为古镇文化载体的古镇文化展示中心；以行政办公集中地为中心的行政服务中心；以城隍庙和新建茶马古道文化中心为核心的文化交流中心。

八区：由北至南分别为田园农庄休闲区、古镇核心区、古镇拓展区、生态农田景观区、城镇发展区、田园农庄休闲区、综合服务区、旅游休闲度假区。

## 2. 景观体系建构

结合沙溪镇区山、水、田和人文历史景观的分布及规划用地布局，建设功能完善的点、线、面相结合的景观绿地系统，将外围生态景观最大限度地引入特色小镇内部，构建富有特色的山水田园城镇，改善居民生活环境，提升镇区旅游吸引力。

自然景观形成"一带双廊三心四轴多节点"的体系；人文景观主要是以古镇保护核心区、文化旅游体验区、文化交流中心为主进行打造。一带：结合黑潓江沿线打造滨江景观带。双廊：以镇区北侧县道、镇区主干道为依托形成景观双廊。三心：结合镇区西北侧的生态农田打造湿地公园，以镇区中部及镇区东侧的生态农田打造现代生态观光农田。四轴：通过对现有镇区南北两侧的主要水渠景观改造升级，形成观光农田水系的两条轴线。鳌凤山与田园风光之间的视线通廊设计成相应的两条轴线。多节点：结合古镇北侧入口、农田用地水系道路形成小镇公园（图 7.8）。

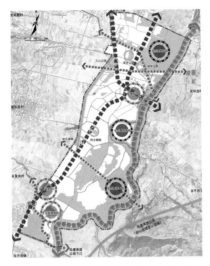 

图 7.8　景观系统规划图 [ 来源：《剑川县
沙溪古镇（白族）发展总体规划修改》
2020.04]

图 7.9　核心保护区与建设区规划范围图
[ 来源：《剑川县沙溪古镇（白族）发展总
体规划修改》2020.04]

## 7.4.6　核心建设区（北片区）规划

### 1. 规划范围的划定

详细规划范围是基于《沙溪古镇（白族）发展总体规划（2017—
2019)》的核心保护区和核心建设区。由于核心保护区以保护为主，
本次修规重点集中在南北两个特色小镇建设区（图 7.9）。

核心保护区指以四方街为中心，以兴教寺、山门、魁阁戏台为轴
线的广大区域（图 7.9）。

核心建设区主要包括南、北两个片区，总占地面积 151.40 公顷。
其中，北片区以现状下科村为主体，西侧沿平甸公路延伸至沙溪镇政
府西侧区域，南至寺登村外围，现状主要为村落建成区以及农田用地，
规划面积 54.47 公顷。南片区以中登村及其周边农田为主，北至鳌凤
山、牛沙线一带，东、南至黑潓江，西至城隍庙、福寿长西侧区域，
规划面积 96.93 公顷。

核心建设区是沙溪特色小镇未来的主要建设及发展区，承接沙溪
特色小镇、特色产业空间以及沙溪古镇的外延拓展功能，将与核心保

护区共同构成特色突出、功能完善、空间舒适、环境优美、产业兴盛的沙溪特色小镇。

## 2. 北片区定位

沙溪古镇建设区北片区是以沙溪古镇核心保护区为依托，以沙溪深厚的历史文化、鲜活的民俗文化为底蕴，以传承较好的沙溪特色风貌传统聚落和优美的田园空间为资源本底，分化核心区的客流和旅游项目，承接古镇的有机农业拓展为核心目标，以乡村观光休闲、乡村主题庄园体验、乡村文化及农业创意为核心功能的沙溪特色田园农庄综合体。

以实现"田园风光独特，村庄结构合理，功能配套完善，交通便捷畅通，生产生活便利，村容村貌整洁"为总体目标，用四年时间，按长远规划、分步实施的要求，结合山水田园及城镇发展实际，通过环境的美化、设施的完善，塑造休闲旅游、农耕文化体验为一体的休闲村落。

## 3. 北片区功能结构

依据北片区民俗村落发展和镇区产业发展、生活服务及生态景观的要求，规划充分利用田园水系和田园风光景观串联各功能区，形成田园花卉观光带和滨水景观游览带，从而构建"两核两带六区"的空间功能布局结构（图7.10）。

两核：以魁阁为中心形成的村落文化核心；以承接古镇拓展功能形成的古镇拓展核心。

两带：以田园风光及牡丹形成的田园花卉观光带；以田间水系形成的滨水景观游览带。

六区：以综合服务和入口形象展示为一体的入口服务区；以魁阁提名、四方戏台和实体书店等民俗村落文化为核心形成的农耕文化区；以东北部湿地景观为主的湿地公园区；以"一箭双雕"展示馆和美食体验为核心的美食文化区；以牡丹、田园风光和"阡陌田缘"为主题形成的田园花卉区；以西南部承接古镇拓展功能为核心形成的古镇拓展区（图7.10）。

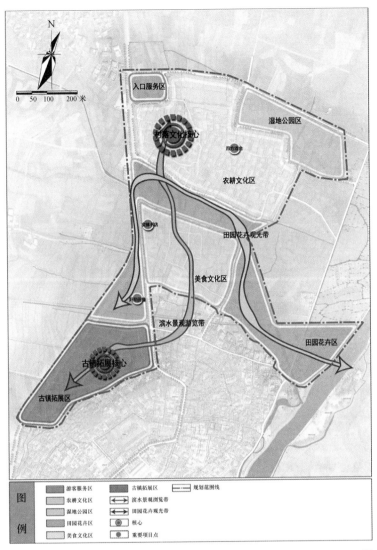

图 7.10 北片区功能结构规划图 [30]

## 4. 北片区总平面规划

考虑近期特色小镇投资建设及今后十多年的村民建房发展需求，本规划各功能区具体规划设计布局如下（彩图 7.2）所述。

（1）入口服务区：规划区西北角，紧邻县道，交通便利，视野开阔，地势平坦，这是游客从北部县道进入沙溪的第一站和必经之地，集综合服务和入口形象展示功能为一体，便于游客进入及旅游活动的展开，且方便引进游客进入下科村游览观光。

（2）湿地公园区：位于北部水田地段，生态条件得天独厚，不仅给下科村提供了优越的生态环境，同时可结合花卉等打造集旅游观光、生态休闲于一体的旅游节点。

（3）农耕文化区：农耕文化区以下科村为核心，通过茶马古道游线联系沙溪古镇核心区。规划挖掘田园风光和民俗风情，重点体现沙溪的农耕文化。该区规划项目点主要有茶马古道和民俗村落两部分。茶马古道以新建寨门和四方戏台为中心，打造茶马寨门、本主庙堂、实体书店、四方戏台、马帮故事、青铜茶壶和陶艺工坊等。民俗村落以魁阁为文化中心，设有魁阁提名、实体书店、天工古街、村落公房、火把仪式等项目。在此基础上，为提高村落公共基础设施，改造球场，设置文化健身项目。

利用茶马古道旅游线路，展现民俗文化，与沙溪古镇旅游区相结合，贯穿整个下科村村落区域，盘活规划区的村落发展。

（4）美食文化区：该区属于寺登村，紧邻古镇，适合发展餐饮行业，以沙溪特色美食文化为中心，创建沙溪特色餐馆"六件套"，打造体现沙溪特色和文化特点的火腿馆、咖啡馆、茶馆、八大碗、马帮菜、西餐馆等美食"六件套"，让游客品尝美食的同时也能欣赏田园风光。茶马古道游线也途经此地，设有寺登忆茶和农耕展览，为进入寺登街预热。该区还配套有停车、酒店住宿等设施，服务完善。

（5）田园花卉区：位于村路建设区之间和村落外围，向东至黑潓江，向西延伸至古镇拓展区，保留原有田园风光，适当种植牡丹和蔬果，设有彩田艺术、牡丹长廊、国色天香、农耕华亭、七彩花田、听江民宿等项目，衔接东部的黑潓江和西部的古镇拓展区。

（6）古镇拓展区：位于规划区西南角，是沙溪古镇外围拓展地段，紧邻县道，交通便利。在该区注入商业功能，能疏解古镇区的游客和赶集压力；新建宅基地主要集中在此区，建筑风格延续沙溪建筑风貌；利用原有沟渠打造滨水亲水景观，形成古镇外围一个新的活力商业区。

## 5. 旅游产品设计

（1）主要旅游线路——追忆茶马古道游（图7.11）。

茶马古道以新建寨门和四方戏台为中心，打造茶马寨门、祈福广场、本主庙堂、四方戏台、养心茶室、马帮故事，同时为体现当地陶艺和手工艺，设置青铜茶壶和陶艺工坊、染布工坊项目。

主题娱乐旅游产品：茶马古道体验游。

游览景点：下科村民俗村落片区、田园观光游览片区、寺登街片区等周边区域。

活动内容：追忆茶马历史、感受茶马古道文化风情、体验当地陶艺和手工艺的制作、对染布工艺进行学习和传承。

以花卉和阡陌交通为主题形成的田园观光游览片区：位于农耕文化区与美食文化区中间田园部分，向东至黑潓江，向西延伸至古镇拓展区，保留原有田园风光，适当种植牡丹和蔬果，设有牡丹花田、彩田艺术、牡丹长廊、国色天香、农耕花亭、七彩花田、绿野听江、听江民宿等项目，衔接黑潓江和古镇拓展区，形成田园花卉观光带。

（2）主题娱乐旅游产品：田园风情观光游（图7.12）。

游览景点：牡丹长廊、七彩花田、听江民宿等。

活动内容：感受沙溪田园风光、观赏牡丹等花卉园、田园拍照摄影活动、农田耕作体验。

以西南部承接古镇拓展功能为核心形成的古镇拓展片区：位于规划区西南角，是沙溪古镇外围拓展地段，地理位置优越，交通便利。新建宅基地主要集中在此区，建筑风格延续古镇建筑风貌，体现沙溪白族质朴的民俗文化，并用原有沟渠打造滨水景观，将该区打造成为古镇外围一个新的活力片区。

（3）主题娱乐旅游产品：民俗文化体验游（图7.13）。

游览景点：石宝远眺、渔歌唱晚等。

活动内容：欣赏田园风光、远眺石宝山、感受沙溪渔文化。

以魁阁提名、四方戏台和乡村书院（实体书店）为核心的民俗村落片区：民俗村落以魁阁为文化中心，设有民间乡试、魁阁提名、实体书店；辅以田园与白族民居建筑相间的民俗特色，有曲径通幽、天工古街、仪式火把、天街古灯等项目，并改造球场，设置文化健身项目；设有生态餐厅、沙溪渔翁等项目。

（4）主题娱乐旅游产品：民俗村落文化体验游。

游览景点：下科村村落核心区及周边田园风光。

活动内容：品味沙溪下科美食，感受白族的文化风情，体验当地人的市井生活，感受传统节日氛围，特色商品采购。

图 7.11 骑马体验游[30]

图 7.12 田园观光游[30]

图 7.13 民俗文化体验游[30]

### 6. 整体效果

从不同角度鸟瞰，呈现出北片区新老建筑协调统一的效果，保留了良好的田园风光，形成田村相间的和谐宜居环境（彩图 7.3、彩图 7.4）。

### 7. 重点地块设计

（1）魁阁公园片区。

该片区结合本主庙、魁阁、球场、实体书店（乡村书院）等共同打造一个村民游憩区域，内部道路相互连通，方便村民交往。

节点 1：拟将该广场打造成祈福广场；改造周边建筑立面，广场西侧设计了本主庙；将沙溪玉津桥的元素融入休闲长廊顶部造型（图 7.14、图 7.15）。

图 7.14 节点 1 改造前后对比图

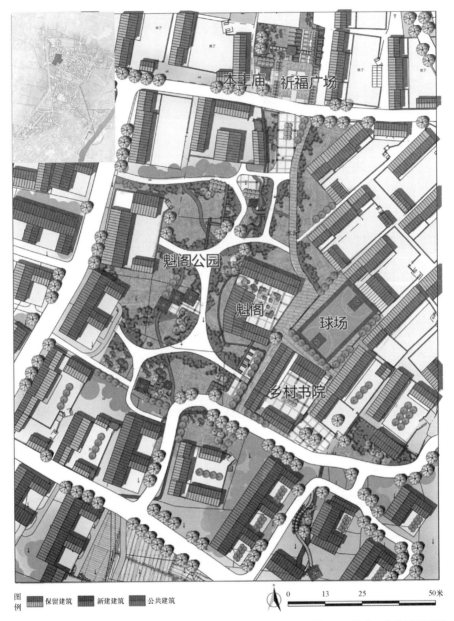

图 7.15　节点 1 改造后平面图

　　节点 2：该节点为魁阁的入口广场，依托原有的植被适当进行植物配置，设计休息座椅，并对原有路面进行改造，设计民族特色的景观小品；完善村落景观设施（图 7.16）。

图 7.16　节点 2 改造前后对比图

（2）文化商业街区。

该片区通过规划一条主要文化商业街，使村落南北片区串通、游览线路通畅，周边布置了有地方特色的景观设施及旅游项目。

节点 1：该广场位于村落的几何中心区，地处幼儿园旁边，为村落的主要公共广场；改造广场周边的建筑立面，并在广场内设计了有民族特色的公示牌与休闲长廊（图 7.17~ 图 7.19）。

图 7.17　节点 1 改造前后对比图

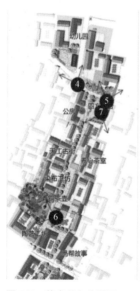

图 7.18　节点分布位置图　　图 7.19　改造后平面图

## 8. 重要节点设计

节点 1：结合沙溪茶马古道文化，增设下科村茶马寨门，增强下科村旅游景观特色（图 7.20、图 7.21）。

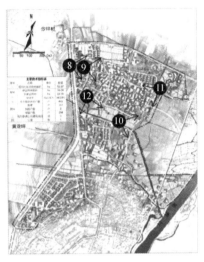

图 7.20 节点分布位置图

图 7.21 节点 1 改造前后对比图

节点 2：保留原乡村建筑及田园风貌，增绘沙溪标志及茶马文化艺术墙体，增设沙溪特色标志牌，营造沙溪特有文化氛围（图 7.22）。

图 7.22 节点 2 改造前后对比图

## 9. 民居建筑分类控制

根据沙溪人口增长及旅游发展对配套服务设施的需求不断增大的状况，对现有民居和规划民居实施分类控制。具体见表7.2。

表7.2　民居建筑分类控制表

| 控制分类 | 控制原则 |
|---|---|
| 现状保留建筑 | 村落内建筑质量好，且与村落整体风貌协调的建筑 |
| 拆除建筑地基 | 拆除规划道路红线范围内以及黑潓江后退50米范围内的建筑地基 |
| 拆除建筑 | 拆除规划道路红线范围内的建筑 |
| 在建民居 | 尽量在不影响规划的前提下保留现有的在建民居 |
| 规划新建民居 | 通过分析现状建筑用地演变情况，规划新建居民，满足2017—2030年的建房发展需求 |
| 规划新建公共建筑 | 根据重点规划项目和实际需求，新建公共建筑项目，满足村民需求 |

北片区修建性详细规划新建民居从定量、定位、定型三方面进行控制。

（1）定量方面的控制：民居宅基地面积控制在150~180平方米，以150平方米为主，共拟建187户，占80%，180平方米户型，拟建47户，占20%。

（2）定位方面的控制：北面村落规划布局以节约土地为原则，新建民居整合下科村落布置，村落现状不做较大的调整，适当增加宅基地，150平方米户型主要建设在下科村及周边，建筑按照沙溪传统民居的风貌来做，与寺登街核心区风貌相协调，在建筑体量上，远离核心区的为三层到三层半，靠近核心区的以两层为主。延续下科村建筑风貌，整合下科村建筑肌理，保证沿黑潓江向村落渗透的农田景观，留出视线绿廊，切实做到"以人为本"，创造独具特色的村落新景观。

（3）定型方面的控制：共设计A1，A2，B1，B2，C1，C2六种户型，分为二层建筑和三层建筑，以二层建筑为主。以上共涉及新建民居234户，可满足2017—2030年村民建房需要（图7.23）。

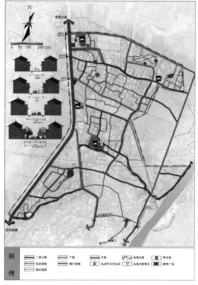

图 7.23 北片区建筑分类控制图　　　图 7.24 北片区道路系统规划图

## 10. 道路系统规划

（1）道路交通。对现有道路交通网络进行优化及完善，规划路网体系分为六级路网，分别是二级道路、干路、支路、组团道路、电瓶车道、慢行道路（图 7.24）。

二级道路为对外交通道路，连接沙溪与剑川县城；干路为北片区的主要道路，环状布置，宽度为 7~8 米；支路为北片区次要道路，枝状连接，宽度 4~5 米；组团道路宽度为 3~4 米，连接片区内的各个功能组团；电瓶车道路结合主巷道、次巷道进行设置；慢行道路宽度为 1.5~2.5 米。车行主出入口与步行主出入口分别设在小镇西侧。结合西北侧入口服务区设置主出入口，主要服务外来游客。结合新建的道路设置车行出入口，主要服务村民与外来游客。结合下科村原有入村主入口设计为步行主出入口，服务本地村民与外来游客。

静态交通：结合入口服务区、下科湿地公园、实体书店以及现状停车场，布置 4 处比较集中的停车场。其中入口服务区停车场具有集散与换乘的功能。主要作为外来机动车与旅游电瓶车、马车的换乘点。下科湿地公园停车场服务于湿地游览游客，满足村庄内部停车需求。

现状停车场服务于外来游客。另外，结合各个停车场设置了电动汽车充电站，方便游客出行。

（2）慢行系统。主要包括电瓶车游览、马车游览、步行游览三种主要的方式。

电瓶车游览：以入口服务区停车场为游览起点。结合主巷道及次巷道进行设计，道路靠近东侧黑潓江，两侧具有美丽的田野风光。

马车游览：结合电瓶车游览进行打造。

步行游览：串联各个功能区块及内部游线，串联各个观光体验项目，形成流畅的游览体系。

### 7.4.7　小镇会客厅

#### 1. 方案一

小镇会客厅总用地面积为 8240 平方米，总建筑面积 1366 平方米，其中一层 790 平方米，二层 576 平方米。是以售票大厅为核心，包括特色商品售卖、多功能展示厅（沙盘＋电子屏）、电瓶车换乘等候区、餐饮咖啡等，具有文化底蕴和民族特色的建筑综合体（图 7.25~ 图 7.28）。

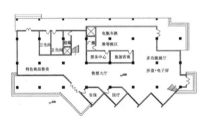

图 7.25　小镇会客厅一层平面图

图 7.26　小镇会客厅二层平面图

图 7.27　小镇会客厅立面图

图 7.28 小镇会客厅效果图

其主要以大理沙溪传统民居形式为参考对象，加入现代新功能、新材质、新结构等内容，将传统与现代元素相结合，让沙溪的传统建筑得到传承、发展和演变。建筑材质因地制宜地采用毛石、红砖和类似土坯质感的外墙涂料，既满足了现代建筑的使用要求，又延续了传统文化的诉求。

建筑色彩以土黄、木色、红褐穿插白色，与周边传统民居协调共生。建筑屋顶以坡屋顶为主，局部结合屋顶花园形成平坡结合的多变样式，增加了层次感和丰富性。建筑高度以两层为主，局部三层。

## 2. 方案二

小镇会客厅总用地面积为 9684 平方米，总建筑面积 1590 平方米，其中一层 945 平方米，二层 645 平方米。主要功能有游客服务、小镇沙盘、历史文化展览、特色商品交易、乘车休息、特色餐饮、创意咖啡吧、停车换乘等（图 7.29~ 图 7.32）。

图 7.29 小镇会客厅一层平面图
（来源：廖静提供）

图 7.30 小镇会客厅二层平面图
（来源：廖静提供）

图 7.31　小镇会客厅立面图（来源：廖静提供）

图 7.32　小镇会客厅效果图（来源：廖静提供）

　　小镇会客厅借鉴当地四合院的布局方式，围绕院落设置各种功能，流线简洁明了；主入口采用弧形的界面与前置的广场形成内向的聚合，满足现代旅游发展与当地民俗活动的需求；四合院中各坊内部空间设计层次分明，在单一形体中追求多元的空间体验，体现了当地民居简洁形体中精妙的建构技艺。

　　小镇会客厅形态简约大气，通过对当地魁阁、茶马古道上碉楼形态的提取塑造了竖向的观景空间，与水平状的体量形成对比，外墙采用土、木、石与现代材料的结合，再现了沙溪传统建筑自然浑厚的特色和现代创意结合的特色小镇风貌。

## 7.4.8　民居设计

　　规划设计了 A1，A2，B1，B2，C1，C2 共 6 种新民居户型，以供村民在新建民居时选择（表 7.3）。新民居占地面积在 150~180 平方米，层数 2~3 层，靠近南部古镇核心区及北部下科村的采用 2 层、150 平方米户型，远离村落的可采用大面积、3 层户型（表 7.3）。

表 7.3　乡土民居方案设计技术经济指标 [30]

| 户型 | 宅基地面积 / 平方米 | 建筑层数 / 层 | 总建筑面积 / 平方米 | 一层面积 / 平方米 | 二层面积 / 平方米 | 三层面积 / 平方米 |
|---|---|---|---|---|---|---|
| A1 | 179.2 | 2 | 240.2 | 128.6 | 111.6 | — |
| A2 | 179.2 | 2 | 240.2 | 128.6 | 111.6 | — |

| 户型 | 宅基地面积/平方米 | 建筑层数/层 | 总建筑面积/平方米 | 一层面积/平方米 | 二层面积/平方米 | 三层面积/平方米 |
|------|------|------|------|------|------|------|
| B1 | 149.7 | 3 | 286.6 | 100.2 | 100.2 | 86.2 |
| B2 | 149.7 | 2 | 200.4 | 100.2 | 100.2 | — |
| C1 | 179.3 | 3 | 313.2 | 120.6 | 109.4 | 83.2 |
| C2 | 179.3 | 2 | 230 | 120.6 | 109.4 | — |

## 1. 传统元素的借鉴

在现代民居的设计方案中充分考虑了对传统民居的借鉴，提取了传统民居屋顶形式、墙面做法、门窗披檐、门楼设计等多个设计元素，见表7.4。

表 7.4　传统民居和现代民居做法的对比

| | 传统民居 | 现代做法 | 做法借鉴 |
|------|------|------|------|
| 屋顶形式 | | | 双坡悬山顶，正房屋脊略高，小青瓦铺面 |
| 夯土墙面 | | | 墙体为土黄色涂料 |
| 粉刷墙面 | | | 有的墙面先进行白色粉刷，再加红褐色涂料装饰 |
| 门窗披檐 | | | 门窗，门扇上部为镂空花格，下部为木质裙板 |
| 门楼 | | | 门楼为单厦门楼，石条砌筑，上盖小青瓦 |

来源：根据调研资料归纳整理。

## 2. A1 户型和 A2 户型

A1 和 A2 户型是一种母体单元，平面形式一致，建筑共两层，宅基地面积为 180 平方米。二者的主要区别为：A1 户型为现代做法，采用框架结构，砖墙做围护结构，外墙面为红褐色；A2 户型采用砖、木材质，结合钢材和玻璃等现代材料，将传统民居使用的土坯墙置换为砖墙，再涂刷上质感相似的土黄色涂料（图 7.33~ 图 7.35）。

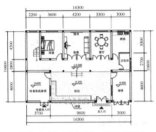 

　　　(a) A1和A2户型一层平面图　　　　(b) A1和A2户型二层平面图

图 7.33　A1 和 A2 户型平面图

　　　　　(a) 立面图　　　　　　　　　　(b) 效果图

图 7.34　A1 户型立面图、效果图

　　　　　(a) 立面图　　　　　　　　　　(b) 效果图

图 7.35　A2 户型立面图、效果图

## 3. B1 和 B2 户型

B1 和 B2 户型是一种母体单元，一层、二层平面形式一致，宅基地面积为 180 平方米，其中 B1 户型为三层，共 280 平方米，采用现代做法，框架结构，砖墙做围护结构；B2 户型为两层，共 200 平方米，采用砖木结构，在砖墙外刷土黄色涂料（图7.36~图7.39）。

(a) B1户型一层平面图　　(b) B1户型二层平面图　　(c) B1户型三层平面图

图7.36　B1 户型平面图

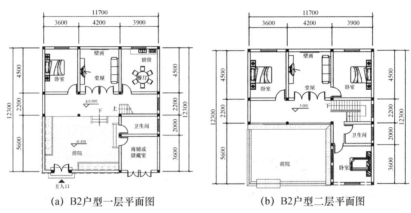

(a) B2户型一层平面图　　　　　(b) B2户型二层平面图

图7.37　B2 户型平面图

(a) 立面图　　　　　　　(b) 效果图

图7.38　B1 户型立面图、效果图

(a) 立面图　　　　　　　(b) 效果图

图7.39　B1 户型立面图、效果图

## 4. C1 和 C2 户型

　　C1 和 C2 户型是一种母体单元，一层、二层平面形式一致，宅基地面积为 180 平方米。其中，C1 户型有三层，共 320 平方米，采用现代做法，框架结构，砖墙做围护结构；C2 户型有两层，共 230 平方米，采用砖木结构，在砖墙外刷土黄色涂料（图 7.40~ 图 7.43）。

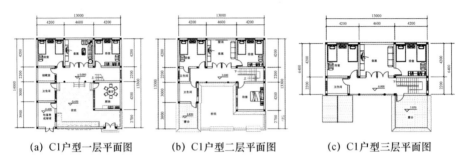

(a) C1户型一层平面图　　　(b) C1户型二层平面图　　　(c) C1户型三层平面图

图 7.40　C1 户型平面图

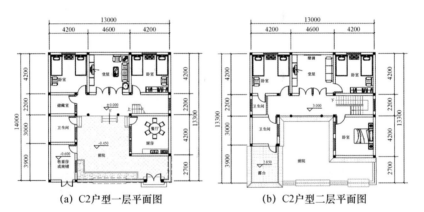

(a) C2户型一层平面图　　　　　　(b) C2户型二层平面图

图 7.41　C2 户型平面图

(a)　立面图　　　　　　　　　(b)　效果图

图 7.42　C1 户型立面图、效果图

（a）立面图　　　　　　　（b）效果图

图 7.43　C2 户型立面图、效果图

## 7.4.9　沙溪VI设计

### 1. 沙溪 LOGO 设计

方案一：LOGO 外观形态融合了魁阁（古戏台）、黑潓江、古槐树三种最具代表性的沙溪元素；古戏台和槐树是沙溪作为茶马重镇、千年古集市的见证，黑潓江孕育了沙溪上千年的历史文化。

LOGO 设计简洁大方，便于运用；色彩以常见红、绿、蓝色调为主，古戏台为红色，主体形象突出；整体具有活力，动感性强（图 7.44~图 7.46）。

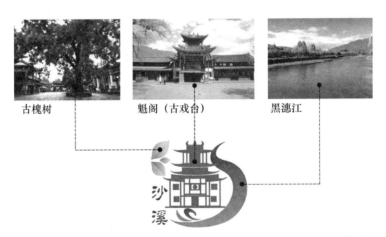

图 7.44　方案一 LOGO 创意来源分析图

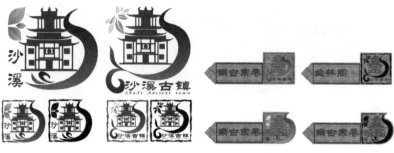

图 7.45　LOGO 运用示例一　　　　图 7.46　LOGO 运用示例二

方案二：本 LOGO 外观形态融合了沙溪独具特色的魁阁（古戏台）、黑潓江、寨门、马帮等元素，这些元素都是沙溪丰富的历史文化的见证；本 LOGO 通过对这些传统元素的抽象融合，向人们展示出一个具有悠久历史的沙溪。

LOGO 整体色彩以黑、红为主，古戏台为红色，主体形象突出，整体具有很好的视觉传达性和可操作性（图 7.47、图 7.48）。

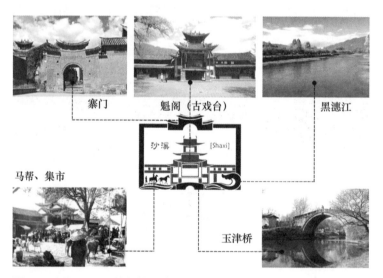

图 7.47　方案二 LOGO 创意来源分析图

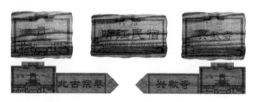

图 7.48　LOGO 运用示例

## 2. 展示牌和导视牌设计（图 7.49~ 图 7.56）

夯土山墙　　　　　　山墙图案　　　　　　沙溪红色石头

图 **7.49**　展示牌创意来源

图 **7.50**　展示牌细节处理

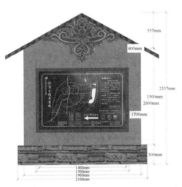 

图 **7.51**　展示牌尺寸　　　　　　图 **7.52**　展示牌整体效果

魁阁（古戏台）　　黑潓江　　　马帮、集市　　　白族扎染

图 **7.53**　导视牌创意来源

图 **7.54**　导视牌细节处理

**251**

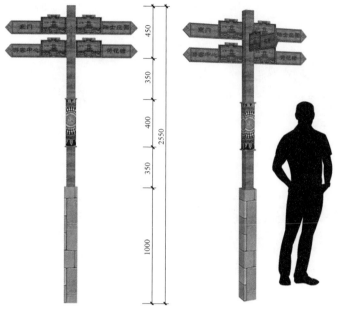

图 7.55  导视牌尺寸              图 7.56  导视牌整体效果

# 7.5  社区营造及功能完善

社区营造是特色小镇可持续发展的重要内容，对硬件设施和软件管理都有较高要求，但在实践过程中往往容易忽视。此次沙溪特色小镇规划，立足实践，通过实施光储充微网系统建设、智慧运营系统开发、运营车辆配置、站点标志配置，打造沙溪低碳社区建设试点项目。

同时，社区营造要协调社区内的政府组织、社区居民、投资主体、外来经营户等沙溪各方群体的力量，以集体的行动来处理其共同面对社区的生活议题，使社区自组织、自治理、自发展，提升社区的集体社会资本，达到社区自治理的目的，社区治理不再只是不断自上而下地进行规划、管控，而是自下而上地组织力量[29]。

## 7.5.1  政府主导社区总体发展

政府是特色小镇建设的决策人和协调人，其主要职能在政策设定、完善公共服务设施建设与沙溪特色小镇管理上。政府坚持"放管服"

管理方法，通过简政放权、放管结合、优化服务来培育小镇的自治能力。简政放权，降低准入门槛，公正监管，促进公平竞争，高效服务，营造有利于特色小镇发展的营商环境。

政府要整体把握沙溪向"文创休闲"小镇的发展方向：①协调居民与投资主体、居民与外来经营户等各方群体力量投入到沙溪镇的发展建设中；②完善特色小镇教育、医疗、卫生等公共服务设施及基础设施；③完善休闲设施、旅游设施的建设；④古镇风貌维护、违章建筑的控制引导等。

### 7.5.2　居民积极参与社区建设

社区居民是社区建设的主要参与者和直接受益者。

1.社区居民可以直接参与经营活动，可以结合旅游和特色小镇建设为游客提供客栈、餐馆、商店、农家乐等旅游设施；结合文创活动经营手工作坊，进行手工艺品、居家室内木雕创作等。在活化本地文化的同时促进了不同群体的交流，形成了社区联系网络，让各自封闭的群体共同参与社区营造活动。

2.社区居民应积极参与社区建设，当地居民、商户及外来经营户积极成立社会组织，如"沙溪街道保洁行动组""沙溪文体活动组""沙溪生活编辑组"等，通过这些基层组织来更好地管理社区。

3.村民在建设房屋时要符合对应风貌区对位置、建筑形式、层数、高度、屋顶形式的相关规定，同时，在政府引导下完善新建民居功能提升，增加符合当代生活的功能，如临街商铺、卫生间、浴室等。基层组织通过智能设施平台监测自建房的高度、层数、形式，鼓励居民互相监督。

## 7.6　智能设施建设

建立智慧设施体系。沙溪以茶马古道休闲文创作为主体，应该以制造、贸易、物流、公共服务、人才引入、教育培训、生态建设为基础的智慧小镇体系。形成古镇特色与投资政策平台、文创贸易展示平台、旅游休闲服务平台、小镇投资政策服务平台、村镇建设智能平台、生产生活信息平台。实现"人—信息—物"相互反馈的智慧平台，打造绿色、数字化、无缝移动连接生态、智慧特色小镇[29]。

### 7.6.1 生产生活信息平台

通过对生产生活信息智慧平台的搭建，使小镇实现智慧化，通过大数据分析掌握天气状况、学习农产品的培育知识、了解农产品的市场动向，方便村民的生产生活，积极发展新型农业、更好地为村民带来收益，对接更为广阔的市场，搭建农园创客联盟与乡创联盟平台，为乡村、园区发展快速匹配资本、产业、科技、文化、设计及新媒体等资源，合力推动乡村与园区的快速发展。

设置微信预约取号、微信远程查看等候人数等服务，开通政务服务和投诉微信平台等。建立集文化体育、卫生计生、人力资源社会保障、食品药品安全、民政、人口服务于一体的镇、村（社区）二级多功能服务平台，促进基层公共服务便利化、统一化、网络化。实时反映居民的日常生活问题，形成远程医疗、远程教育、智慧安防优化，进一步提升公共服务水平，在网上形成智慧社区，促使原住民参与到自我的提升与管理之中。提供各类民生服务资讯与活动信息。设计服务居民的 App，线上线下相互结合，形成综合服务平台。通过智慧系统提升镇区的服务水平与管理水平，提升幸福指数，从而提升特色小镇的吸引力（图 7.57）。

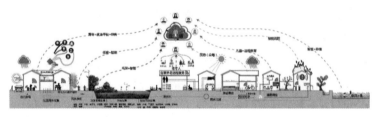

图 7.57　生产生活信息平台构建示意图（来源：《剑川县沙溪古镇（特色小镇）发展总体规划》）

### 7.6.2 文创贸易展示平台

智慧平台通过打造"教育培训—创客引入—产品设计展示—市场需求—设计产品发布"等板块形成文创贸易产业链，服务创客阶层，进行可持续发展。通过智慧平台使文创产业获得更广泛的市场，同时不断吸引更多的创客投入到沙溪的生产生活中；通过教育培训使文创活动可以持续发展，通过产品展示形成宣传及品牌效应，最后在线上与线下建立市场。根据市场反馈对自己的文创产品进行创新改进。

## 7.6.3 旅游休闲服务平台

### 1. 智慧旅游整体流程

智慧旅游休闲服务平台主要分为三个部分：第一是基于大数据应用的沙溪特色小镇智慧旅游体系的构建；第二是针对构建形成的智慧旅游建设的具体措施；第三是建设互联互通的旅游大数据中心。具体内容如图 7.58 所示。

**图 7.58 智慧旅游整体流程**

（来源：《剑川县沙溪古镇（特色小镇）发展总体规划》）

## 2. 智慧景区建设与管理

智慧景区的建设主要以围绕景区经营资源和服务设施等产业要素为主，通过软件系统的应用和数字化网络的部署，建立起经营资源和服务设施相统一的作业体系，形成景区的网格化管理。

具体建设内容有两个部分：一是景区资源管理系统；二是景区电子门票系统。

景区资源管理系统是沙溪特色小镇旅游景区智慧旅游建设的核心内容，也是景区真正实现"智慧"管理、"智慧"经营的根本。景区资源管理系统主要是经营资源、物业资源、景观资源三大管理要素，基于景区内部管理和协调指导工作的需要，涵盖了景区商户、商铺经营、物业管理、设施维护、环境保护、后勤保障、停车场管理、财务费用管理等各业务环节，以强有力的流程控制与预警，全面、准确、实时的数据共享机制，为景区营造一个高效运转、增创盈收、科学决策的资源经营和服务管理体系（图7.59）。

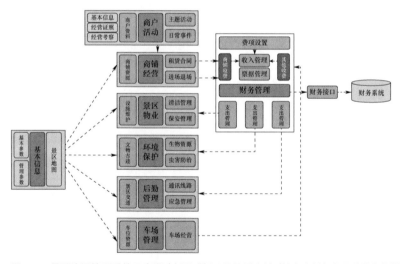

图 7.59　景区资源管理系统示意图（来源：《剑川县沙溪古镇（特色小镇）发展总体规划》）

景区电子门票系统主要由数据中心、票务管理子系统、售票终端和入口检票终端系统、控制网络等组成。数据中心对所有景区的统计数据及门票的交易数据汇总处理。系统的业务流程环节可以分为中心统一授权管理、景点分点售票、门禁系统验票、营业数据上传、中心汇总统计分析等。

### 7.6.4　古镇特色与投资政策平台

将古镇的风土人情、田园风貌、多元文化、农特产品、文创产品进行信息化展示，结合小镇会客厅的打造，形成对外展示平台，服务游客、政府及投资方。实时发布关于投资的优惠政策，吸引投资方过来投资。简化投资主体的入驻程序，通过网上办理各种手续来打造便捷宽松的投资环境。对本地客栈、外来商户，引导发布相关的管理与支持政策；优化不同内容的主题客栈，如摄影主题客栈、精酿啤酒主题客栈、宠物主题客栈等，形成差异化发展模式。

### 7.6.5　村镇建设智能平台

通过村镇风貌建设信息智慧平台的搭建，使小镇实现风貌与建设管控智慧化，通过对村镇空间相关数据进行采集分析，达到智慧化管控小镇整体风貌的功能。

1.实时采集镇区范围内土地利用现状数据、建筑风貌、建筑层数、建筑结构、建筑质量、屋顶形式、宅基地面积、基本农田等数据。通过古镇开发强度、建筑密度、容积率、绿地率等指标分析对小城镇建设进行宏观管控，引导小镇的环境建设及发展方向。

2.通过土地利用现状、基本农田用地、小镇业态分析，实行中观层面的管控，优化古镇的用地功能布局，形成商业及公共服务网络的完整性，优化社区功能，营造社区氛围。

3.通过对新建建筑及传统建筑的风貌、层数、结构、屋顶形式、宅基地面积等方面的控制，有效地管控村民自建乱建情况；及时了解传统建筑状况，及时修复整改，同时制止对传统建筑的破坏活动。

### 7.6.6　智能设施建设及量化指标

按全国一流标准建设大数据基础运行平台，集 Wi-Fi 全覆盖、100M 宽带接入、收集 App、智能安防、智慧旅游、远程医疗、远程教育等功能为一体的智慧旅游综合信息平台。

## 参考文献

[1] 国家统计局.中华人民共和国 2017 年国民经济和社会发展统计公报 [Z]. 国家统计局官网，2018-02-28.http：//www.stats.gov.cn/tjsj/zxfb/201802/ t20180228_1585631.html.

[2] 许维勤.区域城镇化发展的路径选择 [J]，福建论坛（人文社会科学版）， 2013（9）：158.

[3] 吴晓燕.社会转型背景下的农村建设思考 [J].西华师范大学学报（哲学社 会科学版），2007（4）：28-32.

[4] 崔许锋.民族地区的人口城镇化与土地城镇化：非均衡性与空间异质性 [J]. 中国人口资源与环境.2014，24（8）：63-72.

[5] 尹稚.中国城镇化战略研究 [R].中国新型城镇化理论·政策·实践论坛， 2018.

[6] 吴启焰，陈辉，WU BELINDA，等.城市空间形态的最低成本—周期扩 张规律：以昆明为例 [J].地理研究，2012，31（3）：484-494.

[7] 史宜，杨俊宴.回首百年：城市空间形态研究的谱系建构 [J].城市规划. 2015，39（12）：9-18.

[8] 朱宇.城镇化的新形势与中国的人口城镇化政策 [J].人文地理，2006（02）： 115-118.

[9] 马庆斌.就地城镇化值得研究与推广 [J].宏观经济管理，2011（11）：25-26.

[10] 焦晓云.新型城镇化进程中农村就地城镇化的困境、重点与对策探析："城 市病"治理的另一种思路 [J].城市发展研究，2015，22（01）：108-115.

[11] 廖永伦.基于农村就地城镇化视角的小城镇发展研究 [D].北京：清华大 学博士学位论文，2016.

[12] MULLINS P. Tourism urbanization[J].International Journal of Urban and Regional Research，1991，15（3）：326-342.

[13] 陆林，葛敬炳.旅游城市化研究进展及启示 [J].地理研究，2006，25（4）： 741-750.

[14] 焦富华，丁娟等．旅游城镇化的居民感知研究 [J]．地理科学，2006，26（5）：635-640.

[15] 王冬萍，阎顺．旅游城市化现象初探：以新疆吐鲁番市为例 [J]．干旱区资源与环境，2003（05）：118-122.

[16] 王兆峰，龙丽羽．民族地区旅游业发展驱动城镇化建设的动力机制研究：以湖南凤凰县为例 [J]．中央民族大学学报（哲学社会科学版），2016，43（05）：11-17.

[17] 麻学锋，孙根年．张家界旅游城市化响应强度与机制分析 [J]．旅游学刊，2012，27（03）：36-42.

[18] 吴杏荣，侯洪英，等．旅游城镇化动力机制研究 [J]．国土与自然资源研究，2017（06）：72-77.

[19] 张跃西．风景旅游区发展模式探讨：兼论旅游城镇的布局与发展 [J]．人文地理，1996（1）：56-58.

[20] 李柏文．国内外城镇旅游研究综述 [J]．旅游学刊，2010，25（6）：88-95.

[21] 建设部调研组．关于云南省旅游与小城镇相互促进协调发展情况的调研报告 [J]．小城镇建设，2006，（7）：26-29.

[22] 赵小芸．国内外旅游小城镇研究综述 [J]．上海经济研究，2009（8）：114-119.

[23] 曾博伟．旅游小城镇：城镇化新选择 [M]．北京：中国旅游出版社，2010.

[24] 李柏文．旅游"废都"：现象与防治：基于云南国家级口岸打洛镇的实证研究 [J]．旅游学刊，2009，24（1）：15-19.

[25] 陈晓，吴芝薇．旅游影响下传统村落的保护与发展研究：以《苏州市东山镇陆巷历史文化名村保护规划》（2010）为例 [J]．江苏建筑．2019（05）：16-19.

[26] 李柏文．国内外城镇旅游研究综述 [J]．旅游学刊，2010，25（6）：88-95.

[27] 赵小芸．国内外旅游小城镇研究综述 [J]．上海经济研究，2009（8）：114-119.

[28] 周心琴，张小林．我国乡村地理学研究回顾与展望 [J]．经济地理，2005，2（25）：285-288.

[29] 上海同济规划设计研究院，昆明理工大学设计研究院．剑川县沙溪古镇（特色小镇）发展总体规划：2017—2020[Z].

[30] 上海同济规划设计研究院，昆明理工大学设计研究院．剑川县沙溪古镇（白族）修建性详细规划 [A]．2018.

# 彩图

彩图 1.1　沙溪镇域、坝区、镇区范围示意图

彩图 1.2　2001 年沙溪镇区卫星图

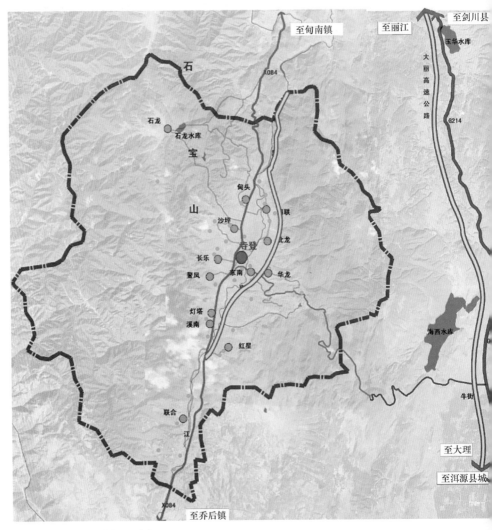

彩图 2.1　沙溪镇区域交通分析图

彩图 2.2　新修复的墙面（下部），新旧对比明显　　　　　　彩图 2.3　处理做旧后的墙面协调统一

彩图 2.4　2003 年临街铺面　　　　　　彩图 2.5　2004 年恢复后临街铺面

彩图 2.6　2003 年修复前的四方街戏台　　　　　　彩图 2.7　2005 年修复后的四方街戏台

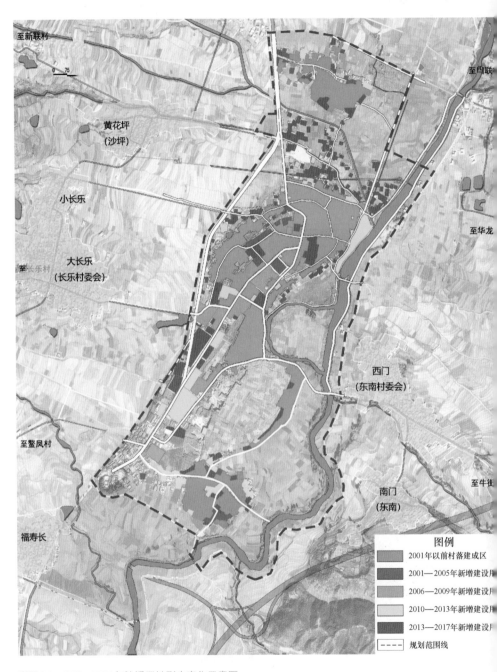

至新联村

0 75

黄花坪
(沙坪)

小长乐

至长乐村

大长乐
(长乐村委会)

至鳌凤村

福寿长

至鸟联

至华龙

西门
(东南村委会)

南门
(东南)

至牛街

图例

2001年以前村落建成区

2001—2005年新增建设用...

2006—2009年新增建设用...

2010—2013年新增建设用...

2013—2017年新增建设用...

规划范围线

彩图 3.1　2001—2017 年沙溪用地形态变化示意图

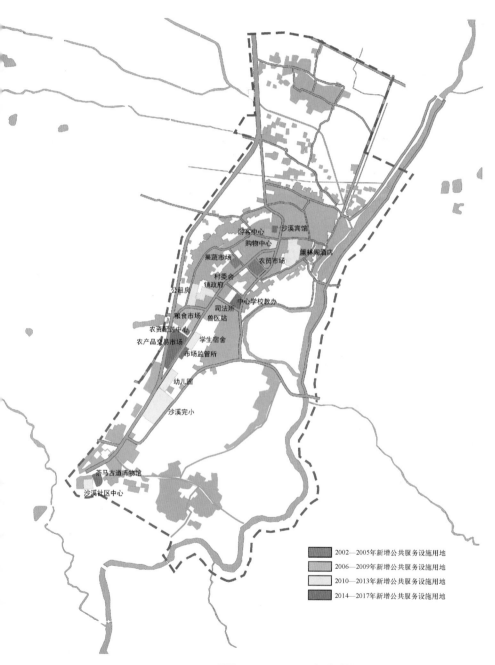

游客中心
沙溪宾馆
购物中心
翼林阁酒店
果蔬市场
农贸市场
村委会
镇政府
公租房
中心学校教办
司法所
粮食市场
兽医站
农资配送中心
农产品交易市场
学生宿舍
市场监管所
幼儿园
沙溪完小
茶马古道博物馆
沙溪社区中心

■ 2002—2005年新增公共服务设施用地
■ 2006—2009年新增公共服务设施用地
□ 2010—2013年新增公共服务设施用地
■ 2014—2017年新增公共服务设施用地

彩图 3.2　2002—2017 年沙溪镇区公共服务设施用地演变图

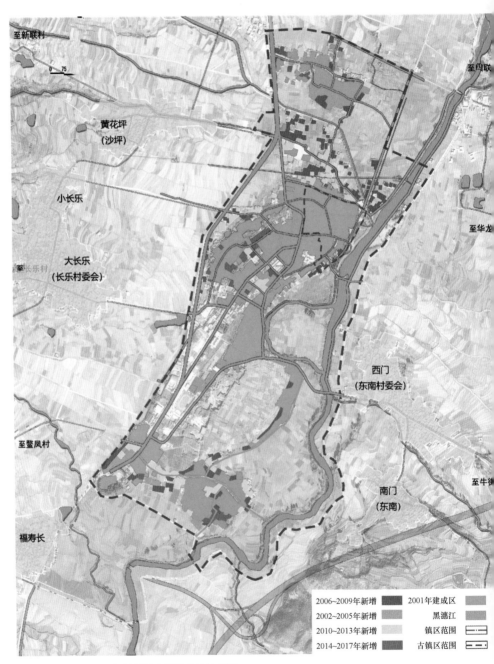

至新联村

0  75

黄花坪
(沙坪)

小长乐

大长乐
(长乐村委会)

西门
(东南村委会)

至鳌凤村

南门
(东南)

福寿长

至四联

至华龙

至牛街

| 2006~2009年新增 | | 2001年建成区 | |
| 2002~2005年新增 | | 黑潓江 | |
| 2010~2013年新增 | | 镇区范围 | |
| 2014~2017年新增 | | 古镇区范围 | |

彩图 3.3　2002—2017 年沙溪镇区居住用地演变图

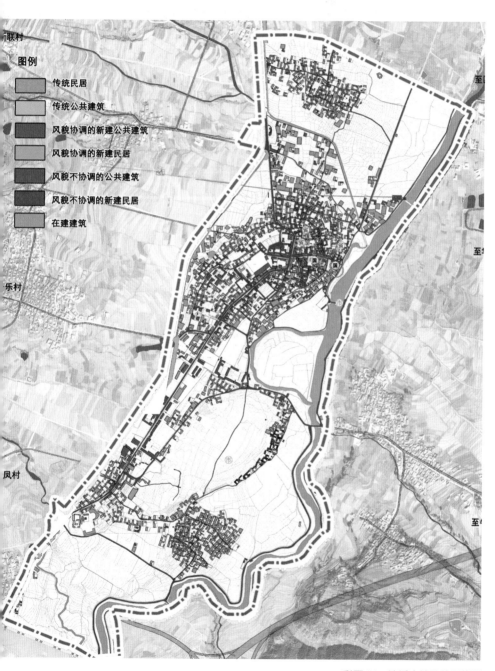

图例

联村

传统民居

传统公共建筑

风貌协调的新建公共建筑

风貌协调的新建民居

风貌不协调的公共建筑

风貌不协调的新建民居

在建建筑

乐村

凤村

彩图 4.1　沙溪古镇风貌评价图

彩图 4.2　2003 年修复前兴教寺立面

彩图 4.3　2005 年修复后兴教寺立面

彩图 4.4　2008 年修复后兴教寺立面

彩图 4.5　2013 年修复后兴教寺立面

彩图 4.6　2003 年修复前的魁阁戏台

彩图 4.7　2004 年修复后的魁阁戏台

彩图 4.8　修复前的戏台藻井（来源《在沙溪阅读时间》）

彩图 4.9　修复后的戏台藻井

彩图 4.10　修复前的东寨门

彩图 4.11　修复前的东寨门（内侧）

（来源:《在沙溪阅读时间》）

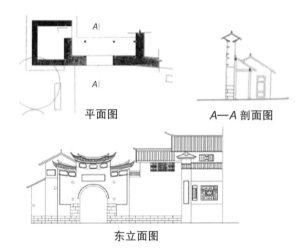

平面图　　　　　　A—A 剖面图

东立面图

彩图 4.12　修复后的东寨门（来源《沙溪复兴工程》）

彩图 4.13　修复后的东寨门内侧

彩图 4.14　修复后的东寨门外侧

彩图 4.15　2003 年残缺的南寨门

彩图 4.16　2004 年修复中的南寨门

彩图 4.17　2005 年修复后的南寨门

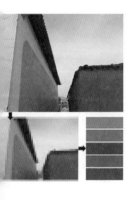   

彩图 5.1　沙溪传统民居色彩解析一　　　　　　　彩图 5.2　沙溪传统民居色彩解析二

彩图 5.3　沙溪传统民居色彩解析三　　　　　　　彩图 5.4　非沙溪传统民居色彩

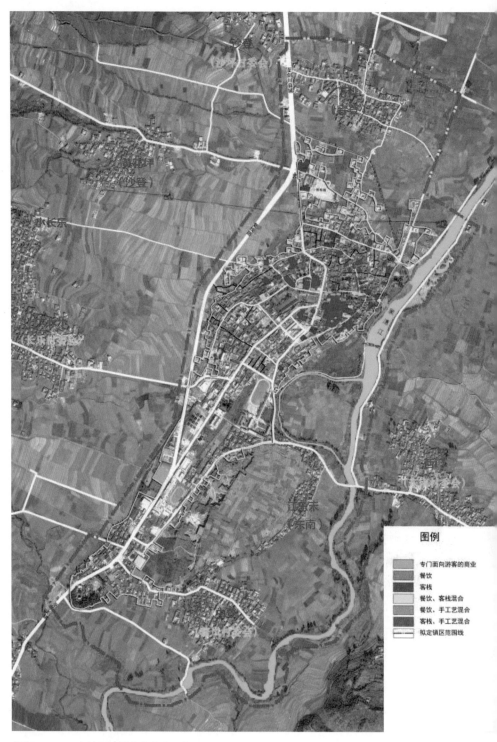

图例

专门面向游客的商业
餐饮
客栈
餐饮、客栈混合
餐饮、手工艺混合
客栈、手工艺混合
拟定镇区范围线

彩图 6.1　2017 年沙溪镇区商业业态分布图

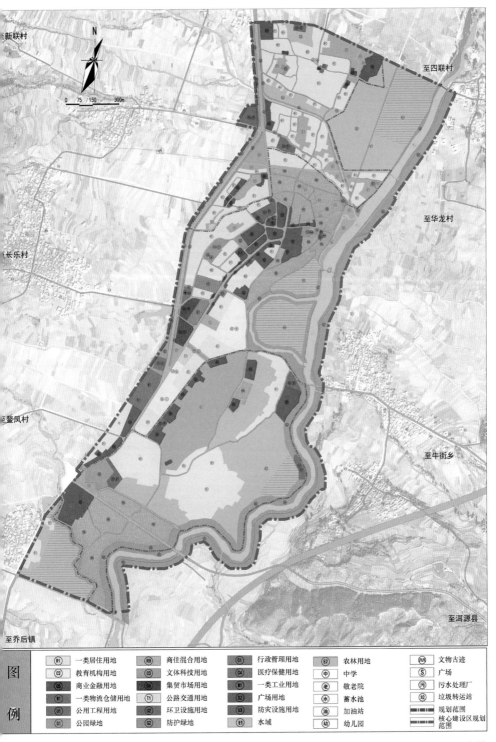

| 图例 | | | | |
|---|---|---|---|---|
| (R1) 一类居住用地 | (RB) 商住混合用地 | (C1) 行政管理用地 | (E2) 农林用地 | (WW) 文物古迹 |
| (C2) 教育机构用地 | (C3) 文体科技用地 | (C4) 医疗保健用地 | (中) 中学 | (S) 广场 |
| (C5) 商业金融用地 | (C6) 集贸市场用地 | (M1) 一类工业用地 | (老) 敬老院 | (污) 污水处理厂 |
| (W1) 一类物流仓储用地 | (T1) 公路交通用地 | (S2) 广场用地 | (水) 蓄水池 | (垃) 垃圾转运站 |
| (U1) 公用工程用地 | (U2) 环卫设施用地 | (U3) 防灾设施用地 | (油) 加油站 | ▬▬ 规划范围 |
| (G1) 公园绿地 | (G2) 防护绿地 | (E1) 水域 | (幼) 幼儿园 | ▬▬ 核心建设区规划范围 |

彩图 7.1　土地利用规划图（来源：《剑川县沙溪古镇（特色小镇）发展总体规划》）

275

| 主要经济技术指标表 | | | |
|---|---|---|---|
| 序号 | 名称 | 单位 | 数值 |
| | 北片区总用地面积 | ha | 54.47 |
| 1 | 其中 建设用地面积 | ha | 36.08 |
| | 非建设用地面积 | ha | 18.39 |
| 2 | 绿地率 | % | 34 |
| | 总户数 | 户 | 433 |
| 3 | 其中 新建户数 | 户 | 234 |
| | 拆除户数 | 户 | 5 |
| | 保留户数 | 户 | 194 |
| 4 | 新建公共建筑面积 | ha | 3.21 |
| 5 | 配建车位 | 个 | 1220 |

| 图例 | | | | | | | | | |
|---|---|---|---|---|---|---|---|---|---|
| | 规划范围线 | ① | 茶马寨门 | ⑥ | 湿地公园 | ⑪ | 入口广场 | ⑯ | 四方街(寺登街核心区) |
| | 保留建筑 | ② | 本主庙 | ⑦ | 魁阁公园 | ⑫ | 3D数字电影院 | ⑰ | 寺登街东寨门 |
| | 在建建筑 | ③ | 祈福广场 | ⑧ | 魁阁 | ⑬ | 沙溪古镇核心区游客中心 | | |
| | 规划新建民居 | ④ | 幼儿园 | ⑨ | 实体书店 | ⑭ | 古镇沉浸式演艺 | | |
| | 商业建筑 | ⑤ | 中心广场 | ⑩ | 国方戏台 | ⑮ | 兴教寺复兴民响馆及文物展览馆 | | |

彩图7.2 北片区总平面规划图

彩图 7.3 下科村及镇区北部鸟瞰

彩图 7.4 下科村及镇区东部鸟瞰

# 附录　调查问卷

## （一）沙溪镇游客调研问卷

亲爱的游客：

您好！

我们是昆明理工大学的学生，我们正在做当地旅游小镇发展的科研调查，恳请您帮助！调查内容仅用于学术研究，感谢您的支持与配合。

昆明理工大学建筑学系

1. 您是第几次来这里旅游？_____

    A. 第1次　　　　B. 第2次　　　　C. 第3次　　　　D.3次以上

2. 未到沙溪古镇之前，沙溪给您的印象是_____。（可多选）

    A. 云南青铜文化发源地之一　　　　B. 佛教寺院

    C. 茶马古道　　　　　　　　　　　D. 千年古镇

    E. 当地特色活动　　　　　　　　　F. 世界建筑遗产

3. 在浏览过程中，您对该旅游小镇最感兴趣的是（可多选）：_____

    A. 当地民居　　　　　　B. 民俗风情

    C. 千年集市　　　　　　D. 茶马古道文化

    E. 庙宇等建筑　　　　　F. 千年古镇风光

    G. 古老街巷　　　　　　H. 居民生活

    I. 特色活动　　　　　　J. 土特产品及工艺品

    K. 当地美食　　　　　　L. 古建筑

    M. 其他

4. 古镇哪些地方最有特色、最吸引您（可多选）？_____您停留时间最长的地方是_____。

    A. 四方街　　　　B. 兴教寺　　　　C. 古街巷　　　　D. 滨水空间

    E. 古商铺　　　　F. 古石桥　　　　G. 餐饮小吃店　　H. 欧阳大院

    I. 寨门

5. 实际浏览与您想象中的比较是：_____

    A. 比想象中更好　　　　　　B. 差不多　　　　C. 不如想象中好

6. 您认为村镇中销售旅游商品的商铺数量：_____

    A. 过多　　　　B. 稍多　　　　C. 合适　　　　D. 少

7. 您在古镇旅游中的主要消费项目为：_____

    A. 交通费　　　　B. 用餐费　　　　C. 住宿费　　　　D. 景点门票费

    E. 特色纪念品费用　　　　　F. 娱乐费

8. 目前您在古镇的消费额大约在：_____

    A.100 元以下　　B.100~300 元　　C.300~600 元

    D.600~1000 元　E.1000 元以上

9. 您在本地旅游更喜欢选择住宿_____

    A. 星级酒店　　B. 经济型酒店　　C. 特色客栈　　D. 其他

10. 您认为古镇是否需要扩建？_____

A. 是 B. 否　　如果需要，你认为还应扩建什么样的空间？_____（可多选）

    A. 住宿区　　　　B. 商业区　　　　C. 公园　　　　D. 广场

    E. 滨水空间

11. 您认为该古镇内最有代表性的地标是：_____

    A. 寨门　　　　B. 古槐树　　　　C. 古戏台　　　　D. 兴教寺

    E. 玉津桥

12. 您认为该古镇内最有代表性的节点是：_____

    A. 四方街　　　　B. 客运站　　　　C. 兴教寺　　　　D. 农贸市场

    E. 欧阳大院

13. 您认为该古镇内最有特色的线性空间是：_____

    A. 寺登街       B. 黑潓江      C. 南古宗巷    D. 北古宗巷

14. 您认为该古镇内最有特色的区域为：_____

    A. 寺登街核心区           B. 黑潓江滨水区

    C. 民居客栈区             D. 发展区

15. 您认为在该古镇内自己做的最有意义的事情为：_____

    A. 认识了开店的当地人      B. 结交了其他旅客服务

    C. 参加了当地活动          D. 在茶马古道上骑了马

    E. 品尝了当地美食          F 其他

16. 您对该古镇的各项建设的评价如何，请在您认为正确的选项上打✓。

| 序号 | 具体评价项目 | 评价描述词（正向趋势） | 评价等级 | | | | | 评价描词（负向趋势） |
|---|---|---|---|---|---|---|---|---|
| | | | 很 | 较 | 中性 | 较 | 很 | |
| 1 | 街巷结构 | 清晰 | | | | | | 模糊 |
| 2 | 步行环境 | 有序 | | | | | | 混乱 |
| 3 | 街区特色 | 明显 | | | | | | 不明显 |
| 4 | 历史建筑保护 | 完好 | | | | | | 不完好 |
| 5 | 标志性建筑 | 突出 | | | | | | 模糊 |
| 6 | 建筑特色 | 多变 | | | | | | 死板 |
| 7 | 广场特色 | 突出 | | | | | | 模糊 |
| 8 | 观景小品特色 | 明显 | | | | | | 不明显 |
| 9 | 对滨水空间的保护 | 得当 | | | | | | 不得当 |
| 10 | 绿化环境 | 好 | | | | | | 差 |
| 11 | 旅游氛围 | 有感染力 | | | | | | 无感染力 |
| 12 | 当地美食特色 | 突出 | | | | | | 模糊 |
| 13 | 客栈特色 | 突出 | | | | | | 模糊 |
| 14 | 商业购物特色 | 突出 | | | | | | 模糊 |
| 15 | 夜生活 | 丰富 | | | | | | 单一 |
| 16 | 标志系统 | 突出 | | | | | | 模糊 |
| 17 | 古镇整体特色 | 突出 | | | | | | 模糊 |

## 沙溪古镇空间结构性要素

| 请在您熟悉的名称上打√，不熟悉的可以不选，并把它画到表格后的空白处 | | | | | |
|---|---|---|---|---|---|
| 标志、节点 | | 边界、街巷 | | 区域 | |
| 寨门 | | 黑潓江 | | 寺登街核心区 | |
| 城隍大照壁 | | 寺登街 | | 黑潓江滨水区 | |
| 赵永祥家古照壁 | | 南古宗巷 | | 民居客栈区 | |
| 农贸市场 | | 北古宗巷 | | 发展区 | |
| 寺登街大石头标志 | | 022 乡道 | | | |
| 兴教寺 | | 084 县道 | | | |
| 古戏台 | | | | | |
| 沙溪古宗马店 | | | | | |
| 玉津桥 | | | | | |
| 老槐树 | | | | | |
| 四方街 | | | | | |
| 欧阳大院 | | | | | |
| 客运站 | | | | | |

注意：请用以下符号绘制该古镇的认识地图，并标注名称。

道路：━━━　　　标志节点：◎　　　区域：⬭

以下是您的个人资料，我们将以此为依据进行分类研究，请您填写，我们将严格为您保密，谢谢！

（1）年龄：＿＿＿岁　　性别：＿＿＿

（2）住址：　　□本州（市）　　□云南省

　　　　　　　□外省　省　　　□香港

　　　　　　　□澳门　　　　　□台湾

　　　　　　　□外国　国

（3）受教育程度：□初中　　　　□高中或中专

　　　　　　　　　□大专　　　　□本科

　　　　　　　　　□硕士及其以上

（4）职业：　　□大学生　　　　□中小学或中专教师

　　　　　　　□大学教师　　　　□建筑及美术类专业人员

　　　　　　　□军人　　　　　　□文化部门

　　　　　　　□商贸人员　　　　□政府机关

　　　　　　　□企业部门　　　　□其他

## （二）沙溪镇游客特色感知程度与特色空间划分的数据统计

（备注：0 颗星——无特色空间；1~2 颗星——一般特色空间；3~5 颗星——特色空间）

| 特色空间名称 | 平均特色感知程度 | 特色空间类型 |
|---|---|---|
| 寺登街主街巷 | ★★★★★ | 特色空间 |
| 南古宗巷 | ★★★★ | 特色空间 |
| 北古宗巷 | ★★★★ | 特色空间 |
| 黑潓江滨水街巷 | ★★★ | 特色空间 |
| 支巷 | ★★ | 一般特色空间 |
| 黑潓江滨水边界 | ★★★★ | 特色空间 |
| 农田边界 | ★ | 一般特色空间 |
| 寺登街核心区域 | ★★★★★ | 特色空间 |
| 民居建筑区域 | ★★ | 一般特色空间 |
| 黑潓江滨水区域 | ★★★★ | 特色空间 |
| 发展区 | —— | 无特色空间 |
| 四方街 | ★★★★★ | 特色空间 |
| 黑潓江滨水广场 | ★★★ | 特色空间 |
| 寺登村入口节点 | ★★★★ | 一般特色空间 |
| 滨水休憩亭节点 | ★★ | 一般特色空间 |
| 兴教寺 | ★★★★ | 特色空间 |
| 南寨门节点 | ★★★★ | 特色空间 |
| 滨水观景台节点 | ★★★★★ | 特色空间 |
| 寺登街入口节点 | ★★★ | 特色空间 |
| 寺登村入口标志 | ★★★★ | 特色空间 |
| 欧阳大院 | ★★★★ | 特色空间 |
| 本主庙 | ★★ | 一般特色空间 |
| 寺登街入口 | ★★★ | 特色空间 |
| 南古宗巷标志牌 | ★★★ | 特色空间 |
| 南寨门 | ★★★★ | 特色空间 |
| 古建筑（玉津桥旁） | ★★★★ | 特色空间 |
| 马店 | ★★★★ | 特色空间 |
| 兴教寺 | ★★★★★ | 特色空间 |
| 古戏台 | ★★★★★ | 特色空间 |

| 特色空间名称 | 平均特色感知程度 | 特色空间类型 |
|---|---|---|
| 北古宗巷标志牌 | ★★ | 一般特色空间 |
| 东寨门 | ★★★★★ | 特色空间 |
| 寺登街标志（东寨门） | ★★ | 一般特色空间 |
| 玉津桥 | ★★★★★ | 特色空间 |
| 玉津桥标志 | ★★ | 一般特色空间 |

来源：根据调研整理。

## （三）沙溪调研的游客意象图

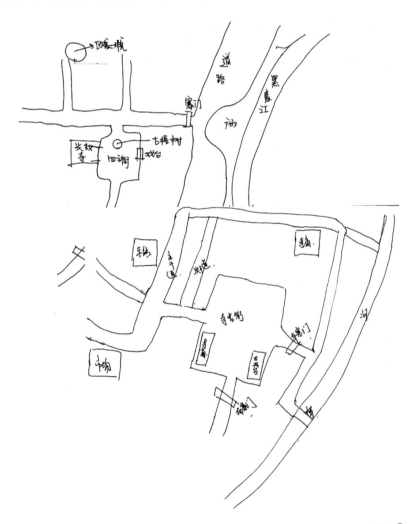

# 成都环美园林生态股份有限公司

成都环美园林生态股份有限公司成立于2000年，注册资本10146万元，现有环美设计、环美生态文旅、玉溪环美山水文化、环美碳汇生态科技四家子公司。除此之外，公司还成立了环美研究院，专注于行业政策、产业发展规划、高新科技等方面的研究，并取得了卓有成效的研究成果。公司着力于推动城乡融合发展，目前已经形成集研发、策划创意、规划设计、项目营建、产业运营管理为一体的全产业链布局。

公司成立二十多年来，以高标准、高质量打造了大量独具匠心的作品，包括乡村振兴、特色小镇、主题IP乐园、康养社区、城乡生态价值提升、环境治理、城乡文旅运营等，佳绩遍布全国多个省市。

展望未来，我们将专注于"乡村振兴践行者、城乡融合运营商"，争做城乡共同富裕推进者，与广大客户和合作伙伴一起，携手共建人类和谐美好的生态家园。

**公司定位：乡村振兴践行者、城乡融合运营商**
**公司主营业务：乡村振兴、城乡文旅、生态价值管理**

| 系统策划 | 规划 | 设计 | 产业发展研究 | 消费场景建设 | 环境运营管理 | 产业运营 |
|---|---|---|---|---|---|---|

| 专业策划团队 | 专业规划团队 | 四川环美工程设计有限公司 | 成都环美生态文旅有限公司 | 强大的施工管理力强大的供应链体系 | 专业管理团队 | 专业运营团队 |
|---|---|---|---|---|---|---|

# 全产业链布局，一站式服务

以 **"产业"** + **"运营"** 推动乡村振兴和城乡融合高质量发展，

是新产业创新、新技术应用、新业态和新模式的集中体现。

环美股份坚持 "策划创意引领-运营思维导向" 服务理念，

具有系统策划、规划设计、产业发展、运营为一体的完整产业链能力。

**平台合伙人企业加盟与联合发展计划**
**合伙人招募持续进行中！**

品牌赋能
服务支持
营销推广
供应保障

扫码可添加好友
Tel:17760538265

高效发展　　行稳致远

乡村振兴产业
城乡文旅运营
生态价值管理

扫码关注

电话：028-85237511
网址：http://hmylst.com/
地址：四川省成都市高新区科园二路10号1-1-8

# 福建坤加建设有限公司

## 技术赋能革新中华匠艺
## 创新聚力共生和谐生态

市政公用工程施工总承包二级　　　建筑工程施工总承包二级　　　建筑装修装饰工程专业承包一级
建筑幕墙工程专业承包一级　　　　环保工程专业承包二级　　　　地基基础专业承包一级
城市及道路照明工程专业承包二级　石油化工工程施工总承包叁级

公司成立于2010年7月，注册资金10800万元，是一家以建筑工程、市政工程、装饰装修、幕墙工程等为主的公司。经过多年的努力耕耘，公司取得了相对齐全的各类资质。企业资质有市政公用工程施工总承包二级、建筑工程施工总承包二级、建筑装修装饰工程专业承包一级、建筑幕墙工程专业承包一级、城市及道路照明工程专业承包二级、环保工程专业承包二级、地基基础专业承包一级、石油化工工程施工总承包三级、建筑装饰工程设计专项乙级、建筑装饰工程设计专项乙级。

多年来，公司始终秉持诚信经营，质量第一理念，努力打造企业的良好形象。2019年1月通过了《质量管理体系认证》（ISO9001：2015）、《环境管理体系认证》（ISO14001：2015）、《职业健康安全管理体系认证》（OHSAS18001：2007）。连续多年获得厦门市"成长型中小微企业、守合同重信用、文明诚信企业、文明单位、先进党组织"；多个项目获得省、市级文明工地和"鼓浪杯"优质、优良工程。

公司技术力量全面坚持以发展为主题、以市场为导向、以人才为根本的发展战略，鼓励员工在最大限度实现自我价值的同时实现企业利益最大化。公司注重技术创新和管理创新，以质量求生存，以科学求发展，以管理出效益，不断完善企业管理机制，以质量、安全、服务为宗旨，以用户满意为目的，以打造百年企业为奋斗目标！以职业化、专业化的优秀团队与您互惠共赢，共创辉煌！

公司地址：厦门市湖里区安岭路990、992号603室

联系方式：0592-5551829

福建坤加建设有限公司
FUJIAN KUNJIA BUILD CO.,LTD.

建有形世界 筑无限梦想

济南城建集团
JINAN URBAN CONSTRUCTION GROUP

# 公司简介

　　济南城建集团有限公司创建于1929年，是具有九十余年发展历史的国有大型企业，拥有市政公用工程施工总承包特级资质和工程设计市政行业甲级、风景园林工程设计专项甲级等三十余项资质。集团下辖16个分公司、16个子公司，设有山东省企业技术中心，是省级高新技术企业。

　　集团作为国内最具竞争力的大型基础设施投资、建设、运营企业，经营范围涵盖了项目投资运营、工程施工、设计咨询、试验检测、建筑产业化、物资贸易等板块。

　　"建有形世界，筑无限梦想"。集团秉持"以人为本、科技创新、和谐发展、服务社会"的经营理念，充分发挥国有大型企业的人才、技术、管理、文化优势，竭诚为国内外用户提供最优的工程产品和最佳的服务。

网址：http://www.jncjsjy.cn
联系电话：0531-85829815　　邮箱：zgb@jncjsjy.cn
地址：济南市天桥区汽车厂东路27号济南城建集团科研技术中心

山海关古城修缮工程　　　　闲庭·山海关中国书法艺术馆　　　　闲庭书法酒店锦园

正定城墙修缮工程　　　板厂峪长城修缮工程

华文公司
环境艺术工程

　　秦皇岛华文环境艺术工程有限公司成立于2000年1月20日，注册金额5000万元。经营范围：园林古建筑工程；园林绿化工程；文物修缮工程；室内外装饰装修工程；古玩字画；制冷设备；企业形象设计等。公司已于2004年通过ISO9001认证，具有古建筑工程壹级资质、装饰装修壹级资质、文物保护工程贰级资质等。公司在仿古建筑、园林景观、装饰装修和环境艺术展陈等方面综合能力突出。

　　公司自成立以来，经过多年的不懈追求和努力，取得了一定的经济基础和社会效益，公司规模及实力不断发展壮大。

　　在古建工程方面，公司已完成山海关古城改造开发工程、正定古城墙修缮项目、承德外八庙普乐寺和殊像寺的修缮工程及避暑山庄内部修缮项目、北方长城的修缮项目。

　　在装修工程方面，公司已完成国家语言文字推广基地改造工程、魔法城堡装饰装修工程、秦皇岛银行网点装修工程、农行网点装修工程、闲庭酒店类装修装饰工程等。

　　在园林景观工程方面，公司建设的项目有山海关环古城景观工程、闲庭锦园、闲庭且思园、北戴河若初园等。

闲庭四艺酒店装修工程

公司电话：0335-8388088
邮箱：huawen@huawenart.com

承德普乐寺保护修缮工程